化学探微

韩　帅·等著
徐柏生·绘

·北京·

内容简介

本书题名《化学探微》，“探”具有探索未知的信息动感，“微”则一语双关：一指现象背后的微妙事理，二指如今信息时代的“微文化”。本书创作团队借助大数据技术，优选近年微信、微博等“微文化”平台的流量热点作为基础素材，把脉内容的科学性与先进性，按照“人文化学史”、“化学与文学”、“化学与健康”、“化学与军事”、“化学与材料”五个章节创作成册。全书深入浅出地阐述化学领域近200个热点概念，内容精炼，节段明快，语言优美，辅以百余张清新活泼的插图，颇具可读性与趣味性。

本书以“微文化”为特色，同时创新性地将大数据分析引入科普图书创作。本书主要面向广大青少年与对科学感兴趣的社会公众。

图书在版编目（CIP）数据

化学探微 / 韩帅等著. -- 北京 : 化学工业出版社, 2024. 10. -- ISBN 978-7-122-46237-4

Ⅰ. O6-49

中国国家版本馆CIP数据核字第20243RE444号

责任编辑：廉　静　訾景岩　　　装帧设计：梧桐影
责任校对：赵懿桐　　　插图绘制：徐柏生

出版发行：化学工业出版社
（北京市东城区青年湖南街13号　邮政编码100011）
印　　装：中煤（北京）印务有限公司
710mm × 1000mm　1/16　印张15　字数234千字
2024年10月北京第1版第1次印刷

购书咨询：010-64518888　　　售后服务：010-64518899
网　　址：http://www.cip.com.cn
凡购买本书，如有缺损质量问题，本社销售中心负责调换。

定　　价：69.80元　版权所有　违者必究

序

化学是人类文明进程的重要催化剂。在现代社会，我们时时刻刻都离不开化学：我们利用化学生产化肥，提升粮食产量；利用化学合成药物，保障人体健康；利用化学开发能源，提高生活质量；利用化学制造新材料，提高生产效率；利用化学制造武器，巩固国防力量……总之，化学与人们的日常生活以及社会生产息息相关，并将在人类发展中继续肩负起基础学科的使命。然而，化学学科对社会文明的贡献却往往被大众所忽视，甚至被不明所以之人所误解。因此作为化学工作者，有责任积极参与化学科普工作，引导广大青少年及社会公众认识化学之美，探究化学之妙。

该书作者韩帅博士从事化学教学与科研工作多年，勤于钻研，勇于创新，同时积极参与科普教育活动，积累了丰富的科普创作经验。韩博士同来自山东大学、兰州大学等高校的多位骨干教师一起，在借助大数据优选基础素材的基础上，搜集、查阅大量文献资料，悉心请教，精雕细琢，历时多年创作了这部化学科普专著。对于韩帅博士等在繁忙的科研与教学工作中，投入化学科普创作所表现出来的热忱与成绩，我表示敬佩，并因应邀为该书作序表示愉快。

该书的宗旨紧跟国家“铸牢科普之翼”的步伐，倡导“大科普”理念，通过追古溯今、科技情怀、成果惠民、化学强军、前沿材料五个维度开展创作，力求打造一部百科全书式的化学科普画卷。全书视角独特，内容丰富，条理清晰，语言精美，在传递化学知识的同时，注重挖掘人类文明背后的基础学科魅力，并体现贯穿于科技进步中的人文素养与科学精神。另外，该书设计有百余张清新活泼的插图，图文并茂，进一步增强了该书的普适性与趣味性。

希望该书在发行过程中，通过编者、作者和读者的共同努力，厚积薄发、精益求精，不断完善、不断创新，力争成为化学科普图书中的精品。我期待它的早日问世。

教育部长江学者特聘教授：

（2019年至今）

2024年2月

前言

如今，以数字化、网络化、人工智能等为代表的信息技术正在改变着世界。得益于手机互联网的蓬勃发展，依托微博、微信、抖音等的“微文化”迅速崛兴。这种全新的媒介形态逐渐延伸，从微博、微信到微小说、微电影，再到微消费、微生活……其中国内外不少科普团队积极开展“微科普”。另外这种“微文化”创作中明快、凝练、亲民的创作特点，也在潜移默化地影响着大家的阅读理念。与此同时，大数据技术已经成为当今各行各业不可或缺的一部分，在科普创作中引入大数据技术有助于更好地了解公众科普需求，破解流量密码。

本书创作团队借助“基于大数据的科普热点追踪与分析系统”等多项自主知识产权技术，优选近年微信、微博等“微文化”平台的化学流量热点为基础素材，再经过科学系统的整理与加工，按照“人文化学史”、“化学与文学”、“化学与健康”、“化学与军事”、“化学与材料”五个章节创作成册，彰化学魅力，塑人文情怀，做更适合国民口味的“大科普”。另外，本书的插图设计有酷小探、乐小微、博小化三个动漫形象穿梭全书，助力内容的串联与形象化，带领读者畅游化学“微世界”。

本书由韩帅构建全书的创作模式，主笔并统稿；俞超（上海市民办立达中学）与秦韵涵（山东大学）参与了本书的统筹与校稿工作；王薇（兰州大学）参与撰写了第五章的第一节及部分校稿工作，高琼（河北省科技馆）参与撰写了第三章的第二节、第四节，张丹丹（河北工程大学）参与撰写了第五章的第二节、第三节，李雁（河北工程大学）参与撰写了第五章的第四节，杜晓雪（河北工程大学）参与了本书“探微词典”的部分编写。刘子怡、刘梦茹等同学协助进行了书稿资料的整理。在创作过程中得到了卢忠林（北京师范大学）、唐瑜（兰州大学）、严世强（兰州大学）、肖文华（广州萃英化学科技有限公司）、郭海清（北京大学）、郑纯兴（香港中文大学）等多位专家的指导，听取了他们的建议，并得到河北工程大学程东娟、贺洪江、秦身钧等多名教授的关心与鼓励。

本书先后受到河北省一流本科专业（应用化学专业）建设项目、河北省创新能力提升计划科普专项（24451401K）等项目的支持，在此表示衷心感谢!

由于作者水平所限，书中难免存在疏漏之处，敬请广大专家学者及其他读者不吝指教，我们将深感荣幸！

韩帅

2024年2月

目录

第一章
人文化学史

化学十二时辰（上）：世界古代化学史

导语：自从“人猿相揖别”，人类便开始了漫长的演进之路。其中，化学是推动人类进步的重要催化剂，它历史悠久而富有活力，在曲折发展中雕刻出物质文明的流转时光；在古老的东方，我们的祖先观测天时人事，运用地支“十二时辰”这种独特而又充满智慧的方式来记录时光。这里，让我们穿越历史长河，谨借“十二时辰”的名义，溯古追今，见证那些化学影响人类社会文明的时光印记。

地支：指中国传统文化中“天干地支”中的十二地支。古人采用十二地支将一日均分为12个时段，分别为：子、丑、寅、卯、辰、巳、午、未、申、酉、戌、亥。

• 化学子时：火

在远古的蛮荒时代，原始人类生吃食物，衣不蔽体。到了晚上，野兽的吼叫声此起彼伏，大家只能蜷缩在山洞里，寒冷恐惧。可以想象，当遇到电闪雷击等触发的山火，人们起初会跟其他动物一样，因畏惧火光而四散奔逃。在火势变小逐渐熄灭时，散落的灰烬上有被烧死的野兽发出的阵阵香气，受到饥饿与好奇的驱使，开始有勇敢的人进行取食，结果发现十分美味。他们会把这个重大的发现传递给其他人，其他人会再传递给更多的人。于是，人们逐渐克服了对火的恐惧，开始认识火，并慢慢学会了保存火种。

随后，在漫长的实践中，原始人开始尝试人工取火。据称人们最早的取火方法是用黄铁矿击打燧石，冒出火花点燃引火物而获得火种。到旧石器时代晚期，随着钻孔和磨制技术的发展，人们又发明了钻木取火等利用摩擦生热的取火方式。取火方法的发明，标志着人类开始实现“用火自由”，这可是人类历史上一件划时代的大事！原始人类用火驱赶野兽，对抗寒冷和黑暗，并用火烹饪食物，摄取营养，进而促进了身体的发育和进化。此外，火作为人工光源改变了人类的昼夜节律，延长了夜晚活动时间，使人们能够在夜间卸去白天劳作与狩猎的疲惫，开展轻松的“篝火夜谈”，或者举办各种庆典和仪式等。这些社交活动在很大程度上增进了种族内的沟通与交流，继而促进了文化习俗的形成与发展。

黄铁矿：主要成分是FeS_2，另外通常含钴、镍和硒等元素。表观呈浅黄铜色，具有明亮的金属光泽，常被误认为是黄金，因此又称为“愚人金”。

燧石：一种比较常见的硅质岩石，多为灰、黑色，质地坚硬，破碎后有锋利的断口，因此石器时代的大部分石器都是用燧石打击制造的。燧石还可通过击打产生火花，所以古代常被用作取火工具，又称为火石。

就这样，伴随着燃烧的火光，化学的种子被埋入人类文明的土层。它是如此脆弱，却充满无限的希望，有似十二时辰的子时，名曰“困敦”——混沌万物之初萌，藏黄泉之下。

● 化学丑时：陶器

制陶工艺具体是什么时候开始的，由于时间过于久远，目前已难以考证。目前比较统一的观点是，陶器最早是在篝火上烧制而成的。在火的淬炼下，黏土的主要成分二氧化硅（SiO_2）、三氧化二铝（Al_2O_3）、碳酸钙（$CaCO_3$）与氧化镁（MgO）等成分发生一系列的化学变化，变成更坚硬、耐水的硅酸盐制品——陶器。人们用它做成容器来蒸煮食物、存放谷物，还可以加工成陶制的纺轮、刀铲等来服务生产，很快各种陶器成为人类的好帮手。

黏土：一种颗粒非常小、含砂量少、有黏性的土壤矿物。黏土被水润湿后具有较好的可塑性，是一类重要的矿物原料。

早期的陶器，为避免尖锐的角在烧制过程中破裂，主要做成圆底的结构。后来，随着人们对火候把握的不断提升，以及对黏土加工的经验积累，形状各异的陶器逐渐被烧制成功。另外，脑容量的增加使人们逐渐萌生出“美”的概念，所烧制的陶器开始呈现出各种色彩，这就是彩陶。比如在距今五六千年的中国黄河流域仰韶文化中，古人利用含铁量高的黏上在露天条件下烧制，促使铁元素被充分氧化成红色的氧化铁，从而得到红陶；如果在陶器的制作过程中，封闭窑顶造成缺氧条件，会使陶坯中的铁大多转化成二价铁，所烧制的陶器呈现灰色；另外，采用铁含量低的高岭土做原料，便能烧成洁白的白陶……凡此种种，不一而足。大约距今5000年前，古埃及人在陶器的制作中开始使用施釉技术。它是利用掺入碱性物质的黏土稠浆作为陶衣敷在陶坯的表面，随后进行1200℃的高温烧制，这层外敷便会转化成光滑的釉层附在陶器表面。施釉技术使制出的陶器更加美观，便于清洗，另外就是致密性好，便于长期存储果汁、酒等饮料。

陶器的发明，是人类利用化学变化改造自然获得新物质的开端。这时人类文明的化学种子开始萌发，闪烁出新生的光彩；正如十二时辰的丑时，名曰“赤奋若”——气运奋迅而起，万物无不若其性。

高岭土：一种非金属黏土矿物，质纯洁白细腻，又称为白云土；因最早在江西景德镇高岭村发现而得名，可用于制造纸张、陶瓷、耐火材料等。

• 化学寅时：青铜

青铜，因其铜锈呈青绿色而得名，是天然红铜与锡、铅等金属元素的合金。相对于纯铜，青铜的强度高、熔点低，比如在纯铜中掺入25%的锡，会使其熔点由1083℃降低到800℃，便于铸造。这些优点促使青铜成为人类金属冶铸史上最早的合金材料，并在发明后迅速盛行。

合金：指金属与另外的金属或非金属经过一定工艺合成的具有金属特性的物质，其制造可追溯到古巴比伦人对青铜的炼制。

探微词典

人类最早的青铜器大约产生于公元前4000年的古巴比伦两河流域。后来，在公元前3000年左右，中国的黄河流域、印度的印度河流域等地方都开始独立出现青铜制品。人们在漫长的实践中逐渐发现，不同的原料比例，会影响所冶铸的青铜合金性能，主要规律为：铜的占比越高，合金硬度越大；锡的占比越高，青铜的韧度（延展性）越好；另外，在原料中加入铅，能克服青铜较脆的弱点……就这样，人们摸索出不同的青铜配方，分别用于铸造强韧锋利的兵器、声音悠扬的乐器、坚硬耐磨的农具等，很大程度上促进了社会生产力的发展。另外，青铜相对于普通的金属材料，有一项非常有趣的性质——热缩冷胀，即受热时收缩，冷却后膨胀。正是利用青铜这种性质，人们

能在其表面勾勒出更加清晰的图案。具体工艺过程为：利用细腻匀净的黏土做模，并在表面反刻上图案或文字；接着，将青铜原料熔化后倒入模具，让熔液浸满；最后，青铜在冷却后成型，由于热缩冷胀的性质，所施加的图案或文字会更加饱满突出。

青铜的冶炼与规模使用，是人类“创造新物质”实践的飞跃，标志着人类文明进入青铜时代。此时的化学，嫩芽吐露，展现出勃勃生机，正如寅时，名曰“摄提格”——万物承阳而起。

• 化学卯时：铁器

铁器，相对于青铜器，更为轻便、强韧。另外，铁在地壳中的丰度是铜的500倍以上，铁矿资源也要比铜矿丰富得多。这些优势使铁器在历史的竞争中最终替代青铜器，并得到广泛推广。不过，人类最早使用的铁器，并非来源于矿山，而是遥远的宇宙。外来的陨铁经过大气层的烧灼，无需冶炼便可直接打造成各种铁器。无奈这种“天外飞仙”般的材料十分罕见，不足以对人类文明造成影响。

大约公元前1500年，现土耳其境内的赫梯人最早掌握了冶铁技术。赫梯人将高品位的铁矿石与木炭塞进炉子，木炭在缺氧条件下燃烧生成一氧化碳，一氧化碳会将铁矿石中的铁还原出来，再经过反复的锻

铁矿石：铁矿石种类繁多，凡是含有铁元素、可经济利用的矿石均可称为铁矿石，用于炼铁的主要有赤铁矿（Fe_2O_3）、磁铁矿（Fe_3O_4）和菱铁矿（$FeCO_3$）等。

打，便可制得铁器。在这种冶铁过程中铁未曾熔化，始终保持固体状态，因此称之为块炼铁技术。在公元前800年左右，中国人摸索出更为先进的高炉炼铁法，即生铁冶铸技术。人们将炼铁炉底部开口鼓入空气，能明显提高炉内的温度，甚至能将还原出来的铁熔化成铁水而流出。高炉炼铁法能够连续作业，更重要的是，在液态环境下，矿石中的杂质会形成铁渣，与铁水自然分离。这样，即使低品位的矿石也能用来冶铸铁器，便于发挥铁器相对于青铜器的最大优势——资源分布广。这种独创的炼铁方法促使中国成为历史上的铁器强国，而在欧洲，直到公元14世纪才出现类似的技术。

铁器，既能成为和平劳作的工具，又能化身战场厮杀的利器。它的“飞入寻常百姓家”，极大地促进了社会生产力发展，并间接导致奴隶制的消亡，呼唤着更为先进公平的封建制到来。此时的人类化学史，芽叶生机勃勃，有如十二时辰的卯时，名曰“单阏”——阳气推万物而起。

化学辰时：造纸术

在纸张出现之前，人们曾选用兽骨、羊皮、竹简、丝帛等作为书写媒介材料。显然，它们往往存在价格昂贵、书写困难、难以存放等不足。而纸，作为一种植物纤维制品，造价低廉，柔软平滑，便于裁剪……这些难以比拟的优点，促使纸一经发明，便备受世人青睐，并得到广泛传播。

据考古发现，在距今2000多年前的西汉时期，中国就已经出现麻纤维纸。不过，这些纸张质地粗糙、造价较高，并没有得到普及。东汉时期，蔡伦认真总结前人造纸的经验，对传统的造纸术进行改良，采用树皮、麻头、破布等为原料，成功创制出一套更为完善的造纸方案。其过程大致分为四步：首先是原料的分离，采用草木灰水制浆，通过沤浸或蒸煮的方法让原料在碱浆中发生化学反应而脱胶；第二步是打浆，即通过切割或捶捣的物理方法切断纤维，并使纤维帚化，得到纸浆；第三步是抄造，就是把纸浆渗水制成浆液，然后捞取纸浆得到薄片状的湿纸；第四步是干燥，将湿纸晾干或晒干，再从篾席揭下就成为纸张。汉代以后，虽然造纸工艺日臻完善，但这四个基本步骤并没有发生明显变化，只是造纸的原材料拓展到稻麦秆、竹条等。到了唐代，雕版印刷术的发明促使印书业崛起，巨大的市场需求刺激造纸技术进一步发展，造纸成本不断下降，纸的产量、质量也都有提高，各种纸制品在民间得到普及。同时，造纸术开始沿着“大唐—阿拉伯—欧洲”的路线逐渐风靡全世界。

造纸术的出现，赋予植物新的生命内涵，更担负起传播人类文明的重任，推动了中国乃至整个世界的文化传播与发展。此时的人类化学史，宛如辰时，名曰“执徐”——伏蛰之物，而敷舒出。

草木灰：草本和木本植物燃烧后的残余灰烬，主要成分为碳酸钾，呈碱性。

• 化学已时：炼金术

在古代西方，人们认为金属是一类活的有机体，各种金属之间可以相互转化，而人工的干预能够加速这种转化的进程。于是，不少人开始致力于通过“炼化”，将铁、铜等“贱”金属转化成昂贵而完美的黄金，这便是炼金术。在现代人看来，炼金术并没有局限于技术本身，更像是一门涉及多项领域的艺术体系。

有机体：动物、植物和微生物等具有生命的个体统称。

炼金术最早起源于埃及，并在古希腊时期实现了炼金术的哲学化。后来直到中世纪的文艺复兴时期，炼金术才得以在欧洲大放光彩。那时的炼金术师们，反复翻查前人繁杂的手稿，获取有关采矿、冶金、制药等领域的有益知识，并将古希腊哲学思想、神秘主义和宗教隐喻等糅入炼金理论中，甚至曾发展出一套令人惊叹的象形符号体系。他们采用透明的玻璃器皿作为实验用具，便于观察“炼金”过程；他们重视计量，无论反应成功与否，都有较为完整的实验记录，并注意标明反应前后的物质配比……就这样，信奉神秘主义、沉迷发财美梦的炼金术师们，无意中开启了现代科学实验的大门。比如16世纪初的瑞士人帕拉塞尔苏斯，被认为是“医疗化学”的先驱。他尝试将炼金术中“物质转化”的理念引入医学，并通过蒸发、沉淀、蒸馏、掺杂等技术手段制造药物。在帕拉塞尔苏斯看来，炼金术的价值在于“将天然的原料转变成对人类有益的成品”。

1661年，英国剑桥大学罗伯特·波义耳的著作《怀疑派化学家》问世，波义耳在书中提出：“为了完成其光荣而又庄严的使命，化学必须……立足于严密的实验基础之上。”就这样，炼金术所蕴含的自然哲学思想，开始衍生出“化学”的科学概念。人类化学史由此迎来新纪元，宛如十二时辰的巳时，名曰“大荒落”——万物炽盛大出，霍然而落。

化学十二时辰（下）：世界近现代化学史

导语：古代化学在漫长的演变发展中取得丰硕的成就，极大地促进了生产力的发展。不过那时候的化学并未从人们的生活、实践中脱离出来，比如大家摸索出来的制陶技艺、造纸术等，更多的是来源于经验的积累，缺乏系统的理论指导。时光荏苒，伴随着资本主义革命的隆隆炮声，人们再次从“燃烧”出发，开始利用科学理念来研究物质的形成转化。化学，终于演变成一门伟大而独立的科学实践活动。

• 化学午时：氧化学说

氧化学说，由法国科学家拉瓦锡于18世纪末提出，旨在揭示燃烧的本质。氧化学说主要涉及的观点有：燃烧是物质与氧的结合，过程是发光发热的；物质在空气中燃烧会吸收其中的氧，造成重量增加，并且物质燃烧后的增重等于它所吸收氧的重量；非金属燃烧后通常变为酸酐，而金属煅烧后生成的煅灰是金属氧化物。按发展的眼光来看，氧化学说存在诸多问题甚至错误，如氯气也可以做助燃剂等，但这并不妨碍它在化学史中所占有的重要地位。

在拉瓦锡提出氧化学说之前，人们采用“燃素说”来解释燃烧的现象。该学说认为，世界上能燃烧的物质都含有“燃素”，在燃烧时“燃素”就释放出来，释放的形式就是光和热。1772年，拉瓦锡开始利用实验的方式，针对“燃素说”进行研究。他设计出著名的“钟罩实验”，用来观测水银在空气中受热（或氧化汞分解）前后参与反应的气体体积变化。结果发现，燃烧其实是可燃物与空气中某种成分结合的过程，并且金属在燃烧后重量会增加，不存在所谓的“燃素”释放。随后，拉瓦锡发现那种可以助燃的气体是一种元素，并将其命名为“氧”。另外，通过所提出的氧化学说，拉瓦锡进一步佐证了化学反应中的质量守恒定律：物质会在化学反应中改变形式（或状态），但参与反应的物质总量在反应前后不变。1795年左右，氧化学说和质量守恒定律在欧洲大陆广泛传播并得到公认。

探微词典

助燃剂：指本身不能燃烧，但是可以促进燃烧发生的物质，常见的助燃剂有氧气、硝酸钾、氯酸钾等。

氧化学说开创了科学实验与定量研究的新阶段，促使当时零碎的化学知识逐渐系统化，继而完全与炼金术脱离。此时的人类化学史，进入发展蜕变的关键时期，如十二时辰的午时，名曰“敦牂”——万物壮盛也。

• 化学未时：原子分子论

原子分子论旨在揭示物质的本原，源于古代的哲学思辨思想，于19世纪初由科学家们在定量研究的基础上将其升华为科学假说。原子分子论的主要内容有：物质是由原子和分子构成的；分子中原子的重新组合是化学反应的基础，且原子不可再分割；原子和分子都处于永恒的运动状态中。

人类在很早就开始了对物质本原的思考，如公元前5世纪，古希腊哲学家德谟克利特认为：万物是由大量不可分割的微粒即原子构成的。处于同时期的中国哲学家墨翟也提出了物质最小的组成单位为“端”的概念。不过，这些观点都带有臆测和思辨的性质，并没有科学理论的支撑。西方文艺复兴后，自然科学得到蓬勃发展，有关化学领域的质量守恒定律与定比定律被相继发现。19世纪初，英国化学家道尔顿在总结这些经验与规律的基础上提出科学原子论，指出元素都是由不可再分的微粒——原子构成的。后

定比定律：1799年由法国化学家普劳斯特提出，该定律指出任何一种化合物，其组成元素的质量都遵循一定的比例关系。简言之，所有化合物的元素组成是一定的，因此又称为定组成定律。

来，意大利科学家阿伏伽德罗补充并修正了原子论的缺陷，指出物质在游离状态下能独立存在的基础单元为分子，而分子由多个原子构成。接下来，关于原子、分子的真实性争议，一直延续到20世纪初。后来，爱因斯坦在实验分析的基础上，将微观分子的运动和宏观流体中的扩散现象相联系，提出分子布朗运动理论，原子分子论才最终得以确认。如今，科学家借助扫描隧道显微镜等先进仪器，已能清晰地拍摄到原子和分子的微观照片。

原子分子论的提出，为人类开启了通往微观物质世界的大门，促使人们开始探源化学的本质。与此同时，人类的各种自然科学如物理、生物等学科，也开始孕化成形。此时的人类化学史，已然化蛹成蝶，振翅欲飞，如十二时辰的未时，“协洽”——阴阳和合，万物化生。

布朗运动：悬浮在气体或液体中的微粒不是静止不动的，而是在永不停息地做无规则运动。该现象由英国植物学家布朗观察水中花粉运动而发现，并由此命名。

● 化学申时：元素周期表

元素周期律指元素的原子半径、主要化合价等性质随元素原子序数的递增而呈现周期性变化的规律。元素周期律揭示出自然界的一条客观规律：大千世界虽然繁杂纷纭，却是由为数不多的化学元素构成的，而各元素间存在相互依存的关系，它们共同运行出一套完整的自然体系。

到18世纪中叶，人们已经相继发现了60多种元素，于是开始摸索元素性质变化的内在规律，其中有人提出了“三元组”、“螺旋图” 或“八音律”等模型。但是这些模型都不够理想，难以令人信服。1865年，身为俄国圣彼得堡大学教授的门捷列夫开始着手编撰一本名叫《化学原理》的教科书。其间，他对当时已知的各种元素进行了细致的分析、比较与分类，化学元素性质呈现周期性变化的规律开始在他脑中萦环。1869年，门捷列夫终于体悟出元素性质随原子量增加而周期性变化的规律，从而绘制出世界上第一张系统的元素周期表。后来，他用周期表成功预测了钪、镓、锗等元素的存在，一时间引起轰动。19世纪末，氦、氖、氩、氙等零族元素的安家落户，是对

元素周期表的重要补充与修正。1913年，英国科学家莫塞莱在研究各种元素的伦琴射线波长后，证实元素的原子序数等于原子核所带的阳电荷数量，进而明确周期律的基础在于原子序数。

元素周期律的发现，促使化学逐渐成为一门系统性的科学。那时的世界，西方现代文明全面崛起，人们开始尝试用科学的眼光探索世界的每个角落。不过，许多传统的东方文明国度，如中国、印度等的社会经济体系却在固步自封中走向衰落。此时的人类化学史，或如申时，名曰“涒滩”——万物吐秀，倾垂也。

伦琴射线： 即X射线，于1895年由德国物理学家伦琴发现，因此得名。

• 化学酉时：合成氨

氨，分子式NH_3，是一种带有强烈刺激性气味的无色气体，在自然界能够由微生物分解有机胺而产生。工业上，氨是基本有机化工和化肥产业的重要原料。合成氨，则是指由氮气和氢气在高温高压与催化剂作用下直接合成氨产品，是一种重要的基本无机化工流程。

19世纪中叶，随着农业的发展，氮肥的需求与日俱增，当时氮肥的主要来源是硝石。另外，国防工业中的炸药生产也需要大量的硝石矿物。巨大的需求导致硝石的供应日趋紧张，促使人们必须在氮源上另辟蹊径。后来，有人提出将空气中丰富的氮转化为可利用的含氮化合物，即人工固氮的设想。尽管众多科学家为此付出诸多努力，但效果仍不甚理想。德国化学家哈伯从1901年起致力于氮气与氢气直接合成氨的研究。得益于扎实的物理化学基础，他首先论证了高温高压条件下合成氨的可行性，同时认识到囿于可逆反应的平衡限制，合成氨难以达到硫酸生产那样高的转化率。另外，该反应的活化能太高，人们必须筛选出高效的催化剂，才能经济地合成氨。随后，凭借严谨专注的精神，经过大量的实验与计算，哈伯终于在1910年前后取得令人振奋的成果。他选用锇、铀等作催化剂，成功获得平衡转化率为10%的合成氨。同时，哈伯还设计出原料气循环工艺，用于提升合成氨在生产中的转化率。接下来，在巴斯夫公司的大力支

硝石： 主要成分硝酸钾，呈无色、白色或灰色，有玻璃光泽。硝石是火药的主要原料之一，又称焰硝、钾硝石。

持下，经过由工业化学家卡尔·博施领衔、千余名研发人员参加的大会战，合成氨最终于1913年实现产业化。

合成氨技术的创立，开辟出大气固氮的新途径，为人类破解了摆脱饥饿问题的密码。只是当时的欧洲战云密布，合成氨被更多地用于军事工业，服务于世界大战。此时的人类化学史，或如酉时，名曰“作噩”——万物皆芒枝起。

• 化学戍时：现代化学键理论

化学键是纯净物分子或者晶体内相邻原子（或离子）间强烈作用力的统称。在德国化学家霍夫曼所发明的分子球棍模型中，以不同大小与颜色的圆球代表原子，不同长度与数量的棍棒代表化学键，其中单键使用一根，双键使用两根，以此类推，而得到三维的分子结构模型。事实上，物质内部并不存在这种棍棒结构的化学键。化学键的本质是一种促使原子或离子结合而最终形成物质的作用力。

早在古希腊时期，原子论者就对化学键有了朦胧的认识，哲学家德谟克利特认为，原子与原子间存在着一种“钩子”，这种钩子促使它们在碰撞时连在一起，而构成稳定的聚集体。到了18世纪，牛顿力学在天文、机械等领域大放异彩，当时的化学家们受其影

响，曾尝试用万有引力的理论来解释原子间的亲和力。19世纪末，电子的发现促使人们开始从物质的微观结构来解释化学键。到20世纪初，德国科学家柯塞尔与美国化学家路易斯在考察大量事实的基础上提出，物质内部任何元素的原子都要通过得失或者共享电子，来达到最外层8电子的稳定结构，并使体系的能量达到最低值，该系列理论被称为原子价电子理论。该理论能够较好地描述分子的形成过程，却难以对化学键进行定性的阐述。1931年，美国科学家莱纳斯·卡尔·鲍林等将量子力学的概念引入化学领域，提出原子成键的杂化轨道理论，并以此解释甲烷的正四面体结构。1932年，美国化学家马利肯等提出了分子轨道理论，指出物质分子中的电子会在整个分子空间范围内运动。1939年，鲍林关于化学键论述的巨著

杂化轨道理论： 1931年由鲍林等人在传统价键理论基础上提出的新概念，指出同一原子中能量相近的原子轨道，可以发生混合组合成为新的轨道。

《化学键的本质》成书，该书从量子力学入手分析化学问题，确立了“化学键的本质源于电子间的相互作用”、“分子的结构决定物质性质”等化学思想，标志着现代化学键理论的成形，成为化学发展史上的标志性事件。直到现在，人们对化学键的认识仍在不断的更新与发展之中。

现代化学键理论的建立与发展，使人们掌握了“合成”大门的一把金钥匙，在相关理论的指导下，越来越多的新物质被合成出来。不过，化学化工的蓬勃发展，给人们带来巨大财富的同时，也带来深刻的资源浪费与环境危机，使这个蔚蓝色的星球面临着前所未有的挑战。此时的人类化学史，或如十二时辰的戌时，名曰“阉茂”——万物皆蔽冒也。

量子力学：物理学科的一个分支。不同于经典力学，量子力学是研究微观物质运动规律的学科，与相对论一起被称为现代物理学的两大基本支柱。

• 化学亥时：绿色化学

绿色化学，又称清洁化学、环境友好化学，是指在尊重化学规律的基础上，运用一系列的技术与方法，在化学品的设计、生产与应用中，避免或减少对人类健康与生态环境有害物质的使用与产生。它与环境治理的概念不同，环境治理强调对环境中已存在的污染进行治理，而绿色化学在于从生产的源头上避免废物或污染的产生。

20世纪末，全球的环境与资源危机愈演愈烈，给

人们带来巨大的震撼，这促使人们对传统的发展模式进行反思。1987年，当时的联合国环境与发展委员会提出“可持续发展”的概念，指出发展既要满足当代人的需要，又要避免对后代人满足其需要的能力构成危害。1989年，在美国檀香山举办的一个化学研讨会上，科学家们开始反复使用“新化学”来描绘化学的未来，强调化学过程的设计要充分考虑其对资源与环境的影响，并实现可持续发展。1990年，美国颁布了《污染防止法案》，在法案中首次提出“绿色化学”（green chemistry）这一词语，并将“污染的防止”定为国策。随后，绿色化学的概念在全球范围内得到认可与拓展，其主要任务是要在原料、过程与产品的各个环节体现绿色环保的理念，力求创立技术先进、经济合理、生产安全、环境友好的新化学体系。

绿色化学，旨在追求与自然生态相协调的化学之美，为化学化工的未来发展指明了方向。此时的化学史有如亥时，名曰“大渊献”——万物于天，深盖藏也。同时，这是截至20世纪末的最后一个化学时辰。于今新世纪，随着时间的流淌，化学仍在迭代更新，运转不息……

探微词典

化学之“道”：中国古代化学史漫谈

导语：远在先秦时期，我国的先人就开始了对宇宙的探索与思考，并逐渐提炼出“道”的概念。随后，人们在认识自然中悟“道”，又在改造自然中行“道”。在人与自然的互动中，最神奇的莫过于创制新物质的实践活动。在这种“创制”中，伴随有离合，有悲欢，甚至逐渐酝酿出某种与文化相关的内涵。或许，这就是中国古代的化学之“道”……

● 陶瓷：君子之风

陶瓷，是陶器与瓷器的总称。一般来讲，黏土烧到700 ℃可制成陶器，烧到1200 ℃以上发生瓷化而形成瓷器。瓷器的特征在于质地坚硬，基本不吸水，在敲击时有清脆之声。据考证，我们的祖先在万余年前，就已经开始烧制陶器；商代，人们在陶器的制作中开始使用施釉技术；商周之间，原始的瓷器出现。到唐代，陶瓷工艺得到大幅改进，出现许多精细的新品种，如唐三彩。宋朝时期，以钧、汝、官、定、哥五大名窑为主的八大窑系遍布全国，并开始向欧洲及南洋各国大量输出陶瓷制品，为我国赢来“陶瓷王国”的美誉。元朝时期，景德镇成为我国的陶瓷产业中心，其特色名瓷为青花瓷，工艺上是用氧化钴料在坯胎上描纹，施釉后经高温一次烧成。中国古陶瓷历经泥与火的淬炼，品性坚毅，技艺双绝，如同正直儒雅的君子之风，为世人所推崇传颂。

施釉：在成型坯体表面施以釉浆的过程，是一种古代陶瓷制作工艺。根据坯体薄厚、形状的不同，采用不同的施釉方法，主要包括蘸釉、荡釉、浇釉、刷釉、吹釉、喷釉、轮釉等七种方法。

• 青铜：敬畏自然

一般认为，我国最早的铜制品大约出现在6500年前。1975年，甘肃马家窑文化遗址出土一件长约12.5厘米的青铜刀，据考证年代大约在公元前3000年，这是至今中国发现最早的青铜制品。另外，古史书《汉书·郊祀志》中有关于“禹收九牧之金，铸九鼎象九州”的记载，也反映出我国先民在相当早的

年代就开始冶铸青铜器。中国的青铜时代，一般认为开端于中原地区夏王朝的建立，随后在商周时期达到顶峰，其间所铸造的后母戊鼎、四羊方尊等名器更是让中国青铜蜚声世界。在古代，上好的青铜器多用于祭祀礼乐，这是当时低下的生产力所决定的。面对宏伟壮观的大自然，人们需要神话和宗教信仰的精神寄托。那时的祖先们心存对自然的敬畏，利用智慧与劳作雕铸时光，终于创造出属于青铜时代的造物传奇。

• 酿酒：饮者留名

酿酒，是指利用微生物发酵生产含一定浓度酒类的过程。一般认为，中国的酿酒习俗，起源于距今5000年前的新石器时代。后来，酿酒业不断发展，到商周时期，利用酒曲酿酒的工艺已经较为成熟。酿酒一般采用稻米等粮食作为原料，由于微生物生长发酵过程中会产生各种杂质，导致成品酒的颜色偏褐黄，因此称之为黄酒。到了元代，人们把发酵后的酒母放置于俗称“天锅”的蒸馏器中，锅底生火加热，促使酒精与水的混合物经过进一步的蒸馏与冷凝，从而得到浓度更高的烧酒，又称白酒。烧酒工艺的原理在于利用液体物质的沸点差异进行分离，而这种蒸馏分离的方法一直沿用至今。酒，渗透入中华数千年的文明史，又似乎与文人的缘分尤深，从庄子倡导的“乘物而游”到李白的“斗酒诗百篇”，正所谓“惟有饮者留其名”，印证出中国悠久绵长的酿酒文化史。

• 铁器：百炼长歌

我国在春秋时就已开始掌握冶铁技术，早期的炼铁是以木炭作燃料，所炼成的铁质地疏松，杂质含量高，被称为“海绵铁”。如果把这种铁反复锻打，就能得到熟铁。战国晚期，古人又摸索出渗碳成钢的工艺。在西汉时期，铁匠们发现，要想炼制好钢，往往需要不断地烧烧打打、打打烧烧，重复很多次，这种

酒曲：从发霉的谷物演变而来，通常以稻米和小麦作为基质，移入曲霉的分生孢子并保温，使基质上生长出茂盛的菌丝，即酒曲。如今，人们大致将酒曲分为五类，用于不同酒的酿造，分别为大曲、小曲、麦曲、红曲、麸曲。

酒母：原意是指含有大量的可以将糖类物质发酵为酒精的人工酵母培养液，现在人们将固态的人工酵母也称为固体酒母。

熟铁：指含碳量低（约在0.02%以下）的铁，又称为纯铁、锻铁，熟铁质地软、塑性好。

探微词典

制钢工艺称为“百炼钢”。从原理上讲，反复的加热折叠锻打，能够使钢的结构致密、杂质减少、组分均匀，继而提升钢的品质。关于百炼钢，见于记载的有“五炼”、“九炼”、“五十炼”、“七十二炼”以及“百炼”等品种。“炼”字前的这些具体数字，一般就是指炼制过程的经火次数。百炼钢工艺艰苦耗时，所得的钢主要用于打造兵器。古代的将士们披坚执锐，在烽烟中千锤百炼，谱写出一曲曲保家卫国的“百炼长歌”。

• 造纸：文脉相承

早在西汉时期，我国就已经出现用麻绳、渔网制成的原始纸材料。东汉年间，蔡伦对原有的造纸技术加以改良，制出达到实用书写水平的“蔡侯纸”。后来，人们沿用这种以沤、捣、抄为主的工艺，采用竹、稻秆、桑皮等原料，造出形形色色的纸张。到唐代，产自宣州府（今安徽泾县地区）的宣纸开始风行天下。优质的宣纸，是选用青檀皮和沙田稻草等作为主要原料，历经百余道操作而制得。成品宣纸质地绵韧、纹理细腻、墨韵清晰、可抗虫蛀，能够保存多年不变色，在书写、绘画、拓片等文化领域应用颇广。明清时期，人们又开发出多种与纸相关的文化艺术品，如年画、剪纸、风筝、扇面等，可谓蔚为大观，并行销海内外。纸的发明，是信息载体材料的跨时代变革，承载着促进文化交流与技艺传承的重任。造纸术，由此在历史上肩负起中华文脉的赓续使命，在匠心里坚守，切磋中进步。

沤、捣、抄：制造纸张的一系列工艺流程。首先将原料斩断、沤浸，使原料脱胶分散为纤维状；随后用捶捣的方式使纤维帚化，成为纸浆；然后将纸浆渗水制成浆液，用捞纸器捞浆形成湿的纸张。

炼丹术：南柯一梦

我国的炼丹术，最早源于人们对“长生不老”的向往。2000多年前，秦始皇就曾派人到海上寻找“不老之药”。后来，方士们开始谋求以天然矿物等作原料，用人工方法来炼制仙丹。炼丹的原料涉及水银、丹砂、硫黄等，过程也多涉及化学反应。比如，西晋葛洪所著的《抱朴子·内篇》里提到，“丹砂烧之为水银，积变又还成丹砂”，这是世界上关于分解与化合现象的最早记载。尽管炼丹术取得不少化学方面的成就，但由于科学理念的缺失，这门技艺在中国终究未能发展成现代化学，而“长生不老”的追求更是沦为南柯一梦。话说古往今来，有多少人在名利追求中迷失自我；世事无常，或许我们更应该在真实的生活中寻找真我。

探微词典

丹砂：硫化汞矿物，炼汞的主要矿物原料，颜色常为红色，又称辰砂、鬼仙朱砂。

● 火药：敢为天下先

我国最早关于火药的记载见于春秋时期的《范子叶然》，里面提到“以硫黄、雄黄合硝石，并蜜烧之”的原始火药配方。汉代，炼丹术在我国开始兴起。关于炼丹，有一种技法称为“火法炼丹”，要求在短时间内实现炉内的高温，被认为很大程度上促进了火药技术的完善。到唐代，我国已经能配制出黑火药，并逐渐用于烟火与军事。随后，火药技术开始流传到世界各地。13世纪前后，火药技术传到欧洲，由此开启了世界的热兵器时代。火药不仅是绽放于夜空里的色彩斑斓，还是响彻天地间的石破天惊。这犹如古代的志士精神，勇立于历史的潮头，敢为天下先。

黑火药：据考起源于晚唐时期，由古代的炼丹家在炼制丹药的过程中意外发明。黑火药由硝酸钾、硫黄和木炭按照一定比例混合而成，反应瞬间会产生大量的气体和热量而发生爆炸。由于这种火药爆炸时会产生硫化钾固体，分散在气体中产生浓烟，因此得名黑火药。

● 传统中医药：救民济世

我国古代的传统中医药以植物药居多，故有“诸药以草为本”之说。中国传统中医药的内容主要涉及各种药材的采制、药性、配伍、功效等，并采用传统的阴阳五行学说阐述相关的医药理论。我国最早的中医药记录可见于《诗经》，里面提到了泽泻、葛根、甘草等多种中药材。随后东汉初年的《神农本草经》是我国最早的本草学专著，记载了360余种药物的疗

阴阳五行：我国古代的一种哲学观念，是“阴阳”和“五行”的合称，两者相辅相成。阴阳学说起始于夏朝，认为世界上任何事物都具有两种互相对立而又联系的力量。五行学说认为，金、木、水、火、土为宇宙万物的基础，这五者之间相互滋生、相互制约。

效。明朝万历年间，李时珍所著的《本草纲目》成书，该书共190万字，涉及处方11000余个，可谓集当时的中医药学之大成，被誉为“东方医学巨典”。长久以来，中国传统医学讲究“医者仁心”：只求世上人无病，不怕架上药生尘；救民济世成为传统医疗业的最高夙愿。

化“学”救国：中国近代化学史漫谈

导语：从1840年鸦片战争到1949年新中国成立，属于中国近代史时期。其间，中国原有的社会经济体系逐渐崩溃，西方先进的科学与技术涌入国内，其中就包括“chemistry”这个概念。在中国近代艰难曲折的发展史中，化学先辈逆流而上，学以救国。这片古老厚重的中华大地上，逐渐诞生出第一袋精盐，第一盘蚊香，第一个有机人名反应……

● 《化学鉴原》

《化学鉴原》，是我国第一部系统介绍西方近代化学的专著，内容主要涉及无机化学的相关基本理论，由英国传教士傅兰雅与“晚清第一巧匠”徐寿等合译。由于当时国内没有外语词典，加上原著本身是对国人来说仍陌生的西方科学，翻译过程十分艰辛。首先由傅兰雅口述原书所表达的含义，再由徐寿领会并用合适的汉语进行阐述。其中，在涉及元素名称的翻译中，徐寿花费了不少心思，最后巧妙地运用了取西文第一音节而造新字的原则来命名，例如钠、钾、钙、镍等。元素的这种中文命名方式，一直沿用至今。为了传播西方先进的科技知识，徐寿与傅兰雅还曾于1875年在上海创建了格致书院，课程教学中设置化学、矿物、测绘等科目，授课的同时配合有实验演示。这是我国最早的一所近代科学教育机构，也被认为是我国近代化学实验的开端。

格致书院：中国近代著名书院之一，是我国开办最早的传授自然科学知识、培养科技人才的新型学堂之一。

• “久大”精盐

久大精盐厂是我国第一座精盐厂，由民族企业家范旭东在塘沽创办。20世纪初，中国人曾被西方嘲讽为吃“土”民族。这是因为我国普通百姓所食用的粗盐，氯化钠的含量一般不足50%；而在西方，含量不足85%的食盐甚至不允许喂养牲畜。留学归来的范旭东决心改变这一状况，四处奔波筹集到5万元资金

后，开始在渤海海滩采用重结晶法熬制精盐。当时的天津塘沽海滩，满目荒夷，遍地盐坨，工作条件极差，但范旭东却视之为宝地，说“一个化学家，看到这样丰富的资源，如果还没有雄心，未免太没有志气了”。在盐厂建成投产后，产品洁白均细，畅销南北，获利颇丰。随后，范旭东创办和筹建了永利碱厂、永裕盐业公司、黄海化学工业研究社等化工实业。中国化工，由此崛起于东方的荒原。

重结晶法：将晶体熔融或溶解于溶剂后，重新从熔体或溶液中结晶的过程，是一种物质纯化与分离的方法。

“三星”蚊香

“三星”蚊香是我国最早的国产蚊香，由上海实业家方液仙创建的中国化学工业社研发。当时，日本的“野猪”牌蚊香独霸我国东南沿海市场。虽然早在1915年，方液仙就已经开始着手制造国产蚊香，但成

品效果不佳。后经过多方活动，方液仙成功将机制盘型蚊香的生产技术引进国内，并创制出“三星”蚊香。从此，国产蚊香开始跻身市场。这时，方液仙却发现产品的关键原料——除虫菊仍需从日本进口。为此他考虑到：两国的地理环境相近，日本能种植，我国应也能种植。于是，方液仙在上海苏州河畔设立种植场，聘请当时著名的农业专家俞成如负责试种。试种成功后，“三星”又主动借钱给菊农，鼓励农民种植除虫菊，最终使“三星”蚊香成为纯正国货，并将日本“野猪”赶出中国市场！

探微词典

除虫菊：一种菊科的草本植物，蚊蝇接触花朵中的无色黏稠液体后会导致神经麻痹、中毒而亡，与毒鱼藤、烟草合称为“三大植物性农药”。除虫菊对鸟类、哺乳类动物毒性不明显，因此使用相对安全，是较为理想的杀虫剂。

• “天厨”味精

“天厨”味精，是我国最早的味精品牌。当时，日本的“味之素”以独特的鲜味风靡全世界，上海滩到处是“味之素”的巨幅广告。这引起了年轻人吴蕴初的注意，他用四角银元买来一瓶“味之素”后反复研究，认识到这东西其实就是谷氨酸钠，能够利用蛋白质来提炼。随后他拉上夫人做助手，在上海租住的一所阁楼中进行反复试验。经过一年的艰苦工作，吴蕴初终于以小麦面粉作原料，形成了合理先进的谷氨酸钠生产技术。接着，吴蕴初与人合作，实现了产品的批量生产，因其味道极鲜，乃味之精华，遂起名曰“味精”。1923年，天厨味精公司成立，生产规模越来越大，吴蕴初也成为闻名遐迩的“味精大王”。后来，吴蕴初又创办氯碱厂、耐酸陶器厂等，为我国化工产业的兴起做出卓越贡献。

谷氨酸钠：谷氨酸的钠盐，化学名α-氨基戊二酸一钠，化学式为$NaC_5H_8NO_4$，最早于1866年由德国化学家瑞特豪森从小麦麸中分离得到。1908年日本化学家池田菊苗从海带中分离出谷氨酸钠，并将其制成调味品。

五铢钱的化学科考

五铢钱，是我国古代的一种铜币，因上面铸有篆体“五铢”二字而得名。考古发现，我国在汉代、南北朝、隋朝等都发行有五铢钱，时间跨度近千年。若仅凭古钱的重量、外观、篆法等直观法来考究钱币的年代，困难很大。为此，化学家王琎另辟蹊径，运用实验分析的方法测定各时期五铢钱合金的化学成分，再结合文献考证、直观因素分析等来解读钱币的确切年代，开启了我国结合实验分析与历史考证来研究化学史的先河。另外，王琎通过一系列研究指出，在中国古法铸铜币中，会掺入等量的铅与锡，且总量约占30%，此法始于隋；铸币用锌则始于明朝嘉靖年间……这些科学结论对我国古代化学史研究具有重要

探微词典

的借鉴意义。后来，王琎的诸多成果被英国著名学者李约瑟撰写的《中国科学技术史》所引用，成为世界了解中国古代化学科技的一个窗口。

“双钱”轮胎

“双钱”轮胎，是我国最早的汽车轮胎品牌，由大中华橡胶厂于上海创制。配图中有我国轮胎之父薛福基写的一封书信，寥寥数语，勾勒出当时外交局势的变幻莫测，以及国内汽车轮胎市场被列强厂商垄断的被动局面。1934年10月，“大中华”团队开始在生产自行车轮胎的基础上研制汽车轮胎，首先是采购日本的设备辗转海外试车，翌年回到国内创建车间开始批量

生产，并定名为“双钱”。就在汽车轮胎试制成功后不久，1937年抗日战争全面爆发，橡胶厂转而生产防毒面具、飞机轮胎等军需品，支援抗战。随后在8月的淞沪抗战中，薛福基不幸遇袭身亡，给满目疮痍的旧中国留下一个实业救国的落寞身影……

- **联合制碱法**

联合制碱法，由我国化学工程专家侯德榜创立。碱，指的是纯碱碳酸钠，是许多工业部门如纺织、造纸、肥皂、玻璃等行业的重要原料，其生产事关国计民生。当时的永利公司在侯德榜等人的领衔下，已成功摸索出比利时索尔维法的制碱技术，实现了规模生

探微词典

索尔维法： 1861年，比利时化学家索尔维以海盐、氨和石灰石为原料制得碳酸钠，该方法被称为索尔维法，也称氨碱法，总反应式为 $CaCO_3+2NaCl = CaCl_2+Na_2CO_3$。通过反应方程式可以看出，索尔维制碱法的原料利用率低，并生成大量用途不大的副产物氯化钙。

产。后来，为避开日军侵华的战火，永利公司被迫将工厂迁至内地的川西，却发现当地缺乏索尔维工艺的重要原料——食盐。于是，侯德榜在认真剖析索尔维制碱法优缺点的基础上，从提升食盐利用率、降低生产成本的角度出发，经历500余次试验，最终将索尔维制碱法和合成氨工业巧妙结合，创制出“联合制碱法”。该独创性的工艺，在缩短工艺流程、减少环境污染的同时，还能联产农用化肥——氯化铵，在全球享有盛誉，因此被尊称为“侯氏制碱法”。

联合制碱法：侯德榜先生在氨碱法的基础上做出改进，以食盐、氨和二氧化碳等为原料制备纯碱。该方法可以同时生成纯碱和氯化铵（可用作肥料）两种产品，有效提高了原料的利用率。

黄鸣龙还原反应

在有机化学中，有许多重要的化学反应被冠以人名，作为科学家研究成果的永恒纪念。黄鸣龙还原反应，则是第一个以华人名字命名的有机化学反应。有机化学中，有一类将羰基还原为亚甲基的反应。当时的Wolff-Kishner法是将醛（或酮）与肼和金属钠（或钾）在约200 ℃的高温下加热，反应需要在封管或高压釜中进行，条件苛刻；而黄鸣龙通过引入高沸点溶剂的策略，用氢氧化钠或氢氧化钾代替金属钠参与反应，改良了Wolff-Kishner法，使反应得以在常压下进行，并可缩短反应时间，提升反应产率，更为适应工业化生产。黄鸣龙改进的方法被广泛写入世界各国的有机化学教科书，为中国的有机化学事业赢得了国际声誉。

第二章 化学与文学

“化”汝于成：成语中的化学结晶

导读：成语，简练精巧，结构紧密，往往来源于悠远的历史典故，承载着深刻的寓意和道理，是我国汉语言文化中的精品。其中，不少成语来自人们对事物的细致观察与总结，蕴含着丰富的科学知识，当然也不乏与化学领域息息相关的成语实例。它们或阐述一种化学现象，或揭示一个化学原理，透露出浓浓的“化学”味儿。接下来，让我们一起探寻这些饱含化学结晶的语言瑰宝吧！

• 刀耕火种

文学释义：把地上的草木砍倒烧掉，在烧后的地面挖坑播种，泛指原始的耕种方式。

化学解读

“刀耕火种”这个成语，涉及最早的化学肥料应用。草木燃烧时，所含的有机物多以CO_2和H_2O的形式进入大气，所剩的灰烬称为草木灰，主要成分是碳酸钾，同时富含钙、镁等多种矿物元素，是一种成本低廉、养分较为齐全的无机肥料。草木灰不仅能供给土壤营养，还能降低土壤酸性，对小麦、烟草等多种作物有增产效果。不过，采用这种原始的耕作方式，形成的地力水平极低且不稳定，来年往往需要异地而种；同时，会造成空气污染以及火灾隐患。目前，“刀耕火种”早已被时代淘汰，取而代之的是以“发掘作物增产潜力、提高土地生产率”为宗旨的“精耕细作”。

无机肥料：由无机物组成的矿质肥料，主要有磷肥、氮肥、无机微肥等。

炉火纯青

文学释义：比喻功夫到了纯熟完美的境界。

化学解读

火，是可燃物发生氧化反应时释放光与热的现象。火焰的颜色与燃烧温度存在一定的对应关系。炉火温度在600℃左右火焰一般呈暗红色；升至700℃以上，火焰变为深红色，俗称“炉火通红”；温度继续

上升，火焰由红变黄；1300℃以上，火焰逐渐变白；继续升到1500℃后，火焰由白转蓝；随后才能达到天蓝色，也就是所谓的“纯青”。同时，火焰“纯青”也被古代道士认为是炼丹所需的火候到家，不过这种温度，事实上古代的“炉火”很难达到。

• 青出于蓝

文学释义：源出《荀子·劝学》：“青，取之于蓝而青于蓝。”“青”即靛青，“蓝”指蓝草；靛青是从蓝草里提炼出来的，但颜色比蓝更深。比喻学生的能力或成就超过老师，或后人胜过前人。

探微词典

化学解读

该成语涉及一种古老的染色技艺——“蓝染”。“蓝染”的原料蓝草，富含一种名叫靛苷的物质，靛苷经发酵水解，会生成溶于水的白色吲哚酚。利用吲哚酚来给织物上色，然后再经氧化等工序生成不溶于水的靛蓝染料附着在织物上，由此形成鲜艳的蓝色并可经久不褪，古人称之为靛青（现又称靛蓝）。战国时期的荀子用植物染料靛青作比喻，说明早在2200多年前，“蓝染”工艺在当时已是寻常。值得补充的是，1878年德国化学家拜耳发明了人工合成靛蓝的方法，并因此荣获诺贝尔化学奖。青出于蓝的道理，在古老的染料——“靛蓝”上得以再次验证。

人工合成靛蓝： 由德国化学家拜耳提出，采用稀氢氧化钠溶液处理邻硝基苯甲醛和丙酮得到羟醛反应产物，该产物在碱溶液中加热即可转化为靛蓝。

- ## 如胶似漆

文学释义：形容感情深厚，难舍难分，多指夫妻恩爱。

化学解读

早在3600多年前，我们的祖先就开始使用动物皮、骨等原料熬制明胶，用来黏合各种材料。后来，古人又将糯米浆与石灰等混合调配，制出最早的无机/有机复合胶黏剂，用于黏合石块、修建宝塔、构筑城墙等。生漆起源于中国，是割开漆树树皮后，将韧皮内流出的白色黏性乳液加工制成的一种涂料。生漆的主要成分是漆酚，一般来讲，漆酚的含量越高，涂覆效果就越好。另外，涂覆后的漆酚等物质接触空气后发生氧化逐步转为褐色，同时发生聚合反应而硬化生成漆膜。生漆的经济价值很高，作为优质涂料广泛应用于高端家具、工业设备、手工艺品等领域。话说，似胶粘，如漆连，关系当然极为密切。

漆酚：生漆的主要成分，一般无色黏稠液体，为邻苯二酚的几种带有不饱和支链衍生物的混合物。

• 水滴石穿

文学释义：水一直向下滴，时间长了能将石头滴穿。比喻只要坚持不懈，细微之力也能积累出成功。

化学解读

一般认为，“水滴石穿”是由于水滴下落的冲击力经过长久积累，不断磨损石头而发生的，这个过程属于物理变化。不过，“水滴石穿”的现象，一般还涉及化学反应的推动。空气中的二氧化碳溶于水滴，使水滴呈弱酸性，落在石灰石、大理石这类矿物上，与其中的主要成分碳酸钙发生反应，生成可溶于水的碳酸氢钙，导致石头在水的滴落中不断流失。时而久之，就会在石头上形成凹坑甚至穿洞，其中涉及的化学反应方程式如下：

$$CO_2+H_2O+CaCO_3 = Ca(HCO_3)_2$$

信口雌黄

文学释义：比喻罔顾事实，随口乱说。

化学解读

雌黄，即三硫化二砷，颜色金黄鲜艳。虽然雌黄有剧毒，但如果不直接服用，对人体的危害也不大。古代的纸为防虫蛀，多用黄檗染色，因此古纸带有黄色（“青灯黄卷”就是这个意思）。古人一旦在纸上写错，就会用雌黄拌水将错误的部分涂掉，作用类似于今天的涂改液。而如今的纸张大多为白色，就拿钛白这种白色的颜料作为涂改之用。随口乱说，又自作修改，就像嘴边自带涂改液，实在是毫无信义。

黄檗：芸香科黄檗属落叶乔木，其内皮呈金黄色，可用于提炼黄色染料和医药。

钛白：化学名为二氧化钛，是目前使用最为广泛的白色染料。

火树银花

文学释义：多用来形容张灯结彩或烟花绚丽的节日夜景。

化学解读

烟花制作过程中，为达到绚丽的效果，添加有发光剂与发色剂。发光剂一般是镁或铝的粉末，在加热燃烧过程中与氧气反应，能够发出白炽的强光。发色剂是含有多种金属元素的化合物，它们在高温激发时会发出各式各样的光芒，化学上称之为焰色反应。比如钙化合物会发出砖红色光芒，钠化合物发出黄光，

焰色反应：金属或其化合物在灼烧时使火焰呈现特殊颜色的反应。

钡化合物发出绿光。多种金属化合物混合在烟花中，燃放时就会发出绚烂多姿的色彩，用于烘托节日气氛。另外，在分析化学中，人们常用“焰色反应”来检测物质中是否含有某种金属元素。

• 照天蜡烛

文学释义：指照亮天空的蜡烛，后用以比喻廉正明察的官吏。

化学解读

在中国古代，蜡烛的原料最早来源于动物油脂或蜂蜡等，其中蜂蜡是从蜂巢中提取的，又称黄蜡，主要成分为棕榈酸蜂花醇酯和蜂蜡酸。蜂蜡的熔点较低，易软化变形，所以一般先制成黄蜡块，使用时加热融化，再充当油脂点燃。到宋代，人们开始广泛养殖白蜡虫，利用白蜡虫的分泌物制成白蜡。白蜡至今仍为中国特产，主要成分为二十六酸二十六（醇）酯。在现代工艺中，蜡烛主要是由石油的提炼物制成的，称之为石蜡，化学成分为烃类混合物。蜡烛作为一种古老的照明工具，在黑暗中给人们带来光亮和希望。于是，古人用“照天蜡烛”比喻为百姓做主、明察正直的官吏。

探微词典

白蜡虫：一种蜡蚧科白蜡蚧属的昆虫，主要寄生在白蜡树、女贞树上，是中国特产的资源昆虫之一。白蜡虫是雌雄异体昆虫，其中雄虫分泌的白蜡质可用于制作白蜡。

诗情"化"意：古诗词中的化学奥妙

导语： 古诗词之美，在于浪漫与雅致；化学之美，在于严谨与抽象。两种美各有千秋，貌似毫不相干。然而在历史上，却有不少古人从文学的视角展示色彩斑斓的化学世界，将化学之美融入诗词佳作的现象更是屡见不鲜。这里，让我们一起体会古诗词中的诗情"化"意，解读传统文化与化学变化的交融之美。

《客从》

唐·杜甫

客从南溟来，遗我泉客珠。
珠中有隐字，欲辨不成书。
缄之箧笥久，以俟公家须。
开视化为血，哀今征敛无。

文学释义： 有一位从南海来的客人，送给我一粒珍珠。珍珠里有隐约的字迹，仔细观看却不能辨识。我把它珍藏在竹箱中，打算到时候应付官家的征敛。谁知后来打开看时，发现珍珠不见了，化成一摊红色的液体。唉，官家再来征敛，我再没有什么东西能上交了！

化学解读

《客从》一诗，提到珍珠化为“血水”的现象，虽然有文学意义上的夸张，但从科学上确实有迹可循。珍珠，主要成分是碳酸钙与碳酸镁，还有氧化硅、磷酸钙、氨基酸、牛磺酸、有机色素以及各种金属微量元素等。至于珍珠的颜色，一般可分为体色和晕色。晕色由物理光学效应引起，与珠层的厚薄、透明度等因素有关。体色是珍珠材质本身的颜色，一般来讲，含有铜的珍珠常呈现金黄色，含银的珍珠呈奶油黄色，含锌的珍珠呈粉红色。至于红色的珍珠，可能与其内部所含的卟啉类化合物有关。另外，杜甫创

卟啉：一类大分子杂环化合物，分子式为$C_{84}H_{90}N_8O_{12}S_4$，呈紫红色粉末或晶体。

作该诗歌的时候，居住在湖南，气候湿热多雨，竹箱也没有隔潮保鲜的功能，可能会导致碳酸钙（或碳酸镁）与空气中的二氧化碳发生如下反应：

$$CaCO_3+CO_2+H_2O=\!=\!=Ca(HCO_3)_2$$

$$MgCO_3+CO_2+H_2O=\!=\!=Mg(HCO_3)_2$$

所生成的碳酸氢钙（或碳酸氢镁）可溶于水，加上色素的作用，珍珠因此化为红色的液体。

《山行》

唐·杜牧

远上寒山石径斜，白云生处有人家。

停车坐爱枫林晚，霜叶红于二月花。

文学释义： 山石小路弯弯斜斜，通向远方的山巅。在白云飘出的地方，隐约有几户人家。枫林的晚景真是惹人爱怜，让我忍不住停下马车欣赏，只见那霜染的枫叶，比江南二月的鲜花还要美艳！

花青素：一种广泛存在于植物中的水溶性色素，水果、花卉、蔬菜中的显色物质大多与之相关。有趣的是，花青素的颜色会随着pH值变化而产生变化，在中性时呈紫色，酸性时呈红色，碱性时呈蓝色。

化学解读

本诗描述了秋天枫叶变红的自然现象。植物叶片一般含有叶绿素、叶黄素等多种色素。大部分植物的叶子在夏天都是绿色的，这源于叶绿素的作用。到秋天，叶片新合成的叶绿素减少，原有的叶绿素逐渐降解，导致绿色褪去，而显露出叶黄素的颜色，树叶因此变黄，其中比较出名的当属银杏。至于枫树，叶片中还含有花青素，秋天的气候会加速叶片内花青素的合成，这种色素在酸性条件下呈现红色，而枫叶的细胞液恰好呈酸性，最终使枫叶被秋天“染”红。

《陈推官幽居十咏·雨后观瀑》

宋·王炎

银汉倒倾波浪，玉龙怒挟雷霆。
雨后遥看更好，斩新泉白山青。

文学释义：雨下得真大啊！如同银河倾泻，水浪翻滚；闪电中夹带着轰隆的雷鸣，尽显大自然的神威。等雷雨过后，远远望去，风景焕然一新，泉更白，山更青！

化学解读

诗中描述了壮观的雷雨天气，并提到雨后的风景美妙，令人心旷神怡。雷雨过后空气清新，是因为除雨水本身的清洁作用外，还涉及多种化学反应。雷电条件下，氧气能够转化为臭氧，而臭氧与水反应释放的羟基自由基等具有很强的净化杀菌作用，可以起到清洁空气的效果。另外，传统农业中有雷雨“发庄稼”的说法，这是因为空气中的氧气与氮气，在放电的条件下能够生成氮氧化物，随后经过一系列化学反应，最终转化成农作物生长所需的硝酸盐即氮肥，这也就是雷电的“固氮”过程。

固氮：将大气中游离的氮转化为化合态氮的过程。

《惠崇春江晚景》

宋·苏轼

竹外桃花三两枝，春江水暖鸭先知。

蒌蒿满地芦芽短，正是河豚欲上时。

文学释义：竹林外，桃花开始初放；江里，有鸭子在嬉戏，应该是它们最早察觉江水的回暖吧。河滩上，蒌蒿草已经遍地，芦苇也露出嫩芽。这时候，河豚也从大海逆流而上，快要洄游到江河里来啦！

化学解读

美食家苏轼，在这首诗里提到了一种大自然的美味——河豚。河豚肉中富含甘氨酸、谷氨酸等鲜味氨基酸，另有肌苷酸、鸟苷酸等核苷酸也是天然的风味增强剂，这便是河豚味道鲜美的化学注解。然而，河豚虽

美味，吃河豚却有中毒身亡的风险，以至于古代有“冒死吃河豚”的说法。究其原因，这是由于河豚中含有河豚毒素，英文名tetrodotoxin（TTX）。TTX是一种非常彪悍的非蛋白类神经毒素，其毒性是无机剧毒物——氰化钠的1250倍，能够引起人体的神经麻痹而致死亡。另外，诗中提到的蒌蒿与芦芽，据称具有解河豚中毒的效果，这也是文豪苏轼笔下的一个美食“机关”。不过无论如何，奉劝大家都要非常谨慎地面对河豚之味美。

河豚毒素：一种神经毒素，对人体神经兴奋膜上的钠离子通道具有高效抑制作用，能够阻断神经传导，继而导致死亡。河豚毒素化学性质稳定，普通的烹饪手段不能将其破坏。1955年，日本科学家平田义正最早成功分离得到纯品河豚毒素。

《寿阳曲》

元·李寿卿

金刀利，锦鲤肥，更那堪玉葱纤细。
添得醋来风韵美，试尝道甚生滋味。

文学释义：经过锋利铁刀的加工，做熟一条肥美的大鲤鱼。里面放上些纤细的鲜葱，再添上一些食醋，尝尝味道吧，鲜美无比是必须的！

化学解读

食醋，主要以大米或高粱等为原料发酵酿造而成。据考证，我国在西周时就开始酿醋，距今已有2700多年的历史。食醋一直是中华烹饪中的一种必需调味品，其酸味主要来源于乙酸，化学式为CH_3COOH。烹饪中加入醋不仅能增进食欲，还能够防止蔬菜中维生素C等营养物质的流失，具有良好的保健效果。鱼肉中含有很多呈鲜味的氧化三甲胺，但鱼死后这些鲜味物质很容易被还原为三甲胺而散发出腥味。在做鱼时，食醋中的乙酸能与三甲胺反应生成盐，从而祛除鱼腥。其中反应方程式如下：

$$CH_3COOH + N(CH_3)_3 = [HN(CH_3)_3]^+(CH_3COO)^-$$

《石灰吟》

明·于谦

千锤万凿出深山，烈火焚烧若等闲。

粉骨碎身浑不怕，要留清白在人间。

文学释义：石灰的原矿，是经过千锤万凿从深山中开采出来的；随后经历烈火焚烧的磨难，对它也就是稀松平常的事。哪怕是粉身碎骨也无所畏惧，要的

维生素C：一种水溶性的维生素，分子式为$C_6H_8O_6$，具有强还原性。缺乏维生素C可导致坏血病，因此又称维生素C为抗坏血酸。

是将一片清白留在世间！这首诗托物言志，作者用石灰作比喻，抒发自己坚韧顽强、清白处世的高尚追求。

化学解读

在古代，制作石灰的主要原料是石灰石，这是一种主要成分为碳酸钙的矿石。劳动人民经历千辛万苦从深山中开采石灰石，这个过程没有新物质产生，是个物理过程。随后将其在火中高温煅烧，发生如下化学反应：

$$CaCO_3 = CO_2\uparrow + CaO$$

煅烧后得到的氧化钙即石灰，又称生石灰，是一种白色固体。在建筑行业使用时，将石灰加水熟化得到石灰浆，其间氧化钙与水反应形成氢氧化钙，也就是人们常说的熟石灰，反应方程式如下：

$$CaO + H_2O = Ca(OH)_2$$

随后，用石灰浆粉刷墙壁，墙面逐渐变硬。这是由于氢氧化钙与空气中的二氧化碳发生反应，生成相对坚硬稳定的碳酸钙，最终在人间留下“清白”的印记。其中化学反应如下：

$$Ca(OH)_2 + CO_2 = CaCO_3 + H_2O$$

“化”身大侠：金庸小说中的化学揭秘

导语：“飞雪连天射白鹿，笑书神侠倚碧鸳”，金庸小说，以史实奠基调，用武侠塑情怀。不经意间，这些作品影响了整个华人的精神世界，堪称中国文学史的传奇。金庸善写大侠，笔下的令狐冲潇洒仗义，郭靖宽厚仁义，萧峰豪爽激壮……这些人物虽是虚构，却是性格各异，有血有肉，令人印象深刻。其实，在金庸的武侠世界，还隐藏有一位“绝世高手”。他沉默寡言，功力深厚，几乎每部作品都有他的影子，他的名字叫做“化学”……

有趣的金属——锡

短篇小说《越女剑》中，薛烛提到“铸剑之铁，吴越均有，唯精铜在越，良锡在吴”，范蠡随后提出“高价收购，要得良锡”的方案。

化学解读

吴越两国当时势不两立，越国想屯造兵器对付吴国，无奈国内只产“精铜”，只能想办法“要得良锡”。这是因为纯铜的硬度较差，无法打造出优良的兵器；而在铜中加入锡，就可以得到硬度与韧性俱佳

的合金，满足铸造兵器的要求。冶炼锡的技术门槛本身并不高，将主要成分为二氧化锡的锡矿石放在木炭上加热，木炭就能将二氧化锡还原成锡。

$C+SnO_2 = Sn+CO_2\uparrow$

锡则是大名鼎鼎的“五金”——金、银、铜、铁、锡之一。它柔韧性很高，可以用来打成锡箔以及各种工艺品。除此之外，锡还是一种有趣的金属：当施力弯曲锡棒或锡板，它会发出一种类似哭泣的爆裂声，这种声音源于锡内部晶体变形时产生的摩擦作用。人们常根据该特性，来鉴别锡金属。

锡的有趣性还在于它的娇贵：它怕热，如果温度高于161℃，会“热坏”变脆；它怕冷，如果低于−13.2℃，会“冻坏”成为粉末。这是什么原因呢？原来锡有三种同素异形体：白锡、灰锡和脆锡。我们日常见到的锡是白锡，如果温度过高白锡就转化成脆锡，变得易碎；当温度很低时，白锡就会变为粉末状的灰锡。历史上有一支英国的探险队在南极科考，由于用来装煤油的铁桶漏油，导致探险队员缺乏燃料而全部冻死。究其原因，当时装煤油的铁桶是用锡焊接的，而锡在寒冷的南极被冻成了粉末，最终导致煤油漏失。不可思议的是，白锡变为灰锡这个过程具有“传染性”。一块完好的白锡，哪怕触碰到一点点灰锡粉末，也会全部变成粉末状，如同瘟疫传染一样，人们把这

同素异形体：同一化学元素，因原子排列方式不同而形成具有不同性质的单质。常见的同素异形体有白磷和红磷，石墨和金刚石，氧气和臭氧等。

种现象叫做“锡疫”。现在，寒冷地区的人们已经不再使用锡制容器或者用锡焊接物品；另外，在锡中加入金属铋制成合金也可以有效抑制“锡疫”现象。

● 夜明珠

《神雕侠侣》中，杨过在绝情谷里得到带有夜明珠的匕首，凭借着这件匕首，在绝情谷谷底的水潭中刺死鳄鱼，赢得了他与公孙绿萼的生机，而这件匕首是老顽童周伯通放入杨过衣袋中的。

化学解读

夜明珠一般是指在白天光照条件下吸光后，夜晚或黑暗环境下能自行发光的珠宝。据现代矿物学及宝石学研究，古代所谓夜明珠的材料绝大部分是萤石，主要成分为氟化钙。萤石的地壳存量比较丰富，主要

来自于火山活动中岩浆的冷却过程，所包含的氟元素与地表岩石中的钙元素化合而生成。

“夜明”，从科学上讲是指矿物在外界的光源去离后仍然发光的现象，矿物学称之为“磷光”。还有一种与磷光相对应的光学现象叫荧光，所谓荧光是指在紫外线或可见光辐照下物质能够发光，停止光照，发光随之消失的现象。比如，钱币在荧光灯下会呈现漂亮的荧光图案，来达到防伪效果。那为何有的萤石会发出长时间的磷光？这是因为一些杂质元素作为激活成分进入萤石的裂隙之中，这些元素一般为外层电子轨道丰富的稀土元素，它们在替代萤石的主要元素（如钙）后，形成晶格缺陷。由于复杂的分子能带机理作用，在矿物的固有能带间形成附加能级和复杂的电子陷阱。矿物内的电子在白天光照的刺激下，吸收能量由低能态进入高能态，当外界光照刺激停止时，电子会由高能状态转入低能状态，在陷阱内的不同能级之间跃迁回落，形成余晖作用较长的磷光，通常可达到几十个小时。

如今，人类在了解萤石结构及激活原理后，已经能够设计生产具有夜光效果的人工材料，如常见于娱乐演出的荧光棒及一些建筑材料中。目前人造夜光材料的运用已经很普遍，价格也比较低廉。值得注意的是，自然矿物中还存在一些放射性矿物，会因为放射性射线的释放而产生附带的可见光发射，也会有自发

晶格缺陷： 理论上，晶体在微观尺度上原子应该是完美排列的。然而实际上，物质的微观原子会受到原子热运动、杂质填充等影响，导致在晶体结构中的微观偏离，破坏了晶体中原子的周期性点阵结构，这一现象称为晶格缺陷。

光的效果。利用这类矿物制作的夜明珠往往对人体的健康有害，要注意甄别。

● 断肠草

在小说《神雕侠侣》中，杨过中情花剧毒后遍寻解药而不得，最后服用了断肠崖边的断肠草而得救。

化学解读

严格来说，断肠草不是某种植物的名称，而是泛指一类能引起呕吐等强烈反应并足以致命的剧毒植物。幅员辽阔的中国大地，据考证有近40种植物被称为断肠草，比如，瑞香科的狼毒、毛茛科的乌头、卫矛科的雷公藤等。众毒之中，最“声名显赫”的便是马钱科钩吻属的钩吻。值得注意的是，钩吻形似金银花，我国甚至发生过学生误认钩吻为金银花，采摘冲泡而致死的事件。

钩吻，全株有毒，根与嫩叶的毒性尤甚；另外，不同产地的钩吻毒性也存在差异。根据化学分析，钩吻的有毒成分在于其含有的生物碱——一类在结构上属于吲哚或者氧化吲哚类的化学物质。已知的钩吻类生物碱有近20种，其中产于我国的钩吻中毒性最强的成分当属钩吻素己，其毒性相当于氰化钾的三十多倍，LD_{50}值约0.2mg/kg（大鼠，腹腔内注射）。钩吻类生物碱是一类效力极强的神经抑制剂，攻击的目标是中枢神经。一般情况下，钩吻中毒的症状有恶心、呕吐、抽筋、眩晕、言语含糊、呼吸衰竭、昏迷等。关于“肠子被斩断”的感觉，其实是人中毒后神经系统受到干扰的外在表现，有些心脏病患者也会有类似的症状。说得更直接一些，“断肠草”并不会把人的肠子弄断，而是靠抑制人的神经活动，甚至使人无法呼吸而致死。关于钩吻中毒的救治，目前还没有什么特效疗法，只有一些常规的洗胃、导泻、活性炭吸附毒物等。在症状严重时，还需配合胸外按压和呼吸机辅助呼吸，从而维持中毒者的心跳和呼吸。另外，在中国民间有趁热灌服羊血、鸡血的疗法，据传有效，但具体解毒的原理尚不清楚。

随着对钩吻研究的不断深入，现代科学已经证实，钩吻类物质虽有剧毒，但在抗肿瘤、镇痛、调节免疫等方面具有良好的生物活性。不过由于技术原因，其有效的治疗剂量与中毒剂量接近，导致其在实

探微词典

生物碱：存在于动植物体内的一类碱性含氮有机物，大多有复杂的环状结构，有显著的生物活性。

LD_{50}：半数致死量，表示在一定时间内，使某种实验动物（如小白鼠）死亡50%所需要的剂量，是表示物质毒性的常用指标。LD_{50}越小，物质的毒性越强，反之则毒性越弱。

用中仍有限制。或许在不远的将来，科学家们能够趋利避害，研发出副作用小、疗效好的钩吻生物碱新药。那说回来，为什么断肠草能解情花毒？或许是主角光环照耀下的剧情需要吧。

● 圣火令

《倚天屠龙记》中描述："圣火令是两尺来长的黑色令牌，共有十二枚，形如令箭，非金非玉，质地坚硬无比，不惧宝刀宝剑。其长短大小各不相同，上面刻着许多花纹文字，似透明，令中隐隐似有火焰飞腾，实则是令质映光，颜色变幻。"

化学解读

圣火令，根据小说的描述，是用白金玄铁混合金刚砂等物铸就，且"烈火绝不能熔"。白金即为铂，是一种贵重的稀有金属，熔点远高于铜、铁等，达1700℃以上，化学性质稳定，不易腐蚀。有观点认为，铂、金等这些重元素产生于宇宙中的超新星爆炸。玄铁，是为陨铁，源于神秘的外太空，在进入地球大气层后又经历了超高温的熔炼，耐高温、高强度、高韧度，特质优良。金刚砂，学名碳化硅（SiC），在自然界一般仅出现在陨石坑内，其颜色多为暗绿色、黑色，又称莫桑石。碳化硅的莫氏硬度为9.5级，仅次于世界上最硬的金刚石。三种来自外太空的神物，通过特有的熔铸

莫氏硬度：表示矿物硬度的一种标准，1822年由德国矿物学家腓特烈·莫斯提出。用棱锥形金刚钻针在测试矿物表面刻划，根据划痕的深度可得到矿物的莫氏硬度。

技术复合，最终造就圣火令这种武侠“神器”。

关于圣火令的花纹，文中谈到：“在圣火令上遍涂白蜡，在白蜡上雕以花纹文字，然后注以烈性酸液，以数月工夫，慢慢腐蚀。待到刮去白蜡，花纹文字便刻成了。”这是一种典型的化学刻蚀技术。至今，此项技术仍运用于玻璃雕花、电路板刻蚀等工艺中，而涂蜡是其中既关键又巧妙的环节。白蜡耐酸性腐蚀，有蜡与无蜡涂覆的部分，会构成防腐蚀和被腐蚀两种截然相反的状态。因此，在涂蜡的材料表面刻字或刻花纹，会造成有字或花纹的地方失去蜡层保护。强酸浸泡后，便形成了凹字或凹花纹，且腐蚀时间愈久，纹理愈深。

除圣火令这种武侠神器外，古代有一种真实存在的称作“镔铁”的特殊钢，也是采用刻蚀工艺制作。首先磨光表面，再用腐蚀剂（黄矾，即硫酸铁）进行刻蚀，可形成鱼鳞状、雪花状等花纹。据称，此种工艺技术起源于古波斯，南北朝时传入我国，主要用于

制作刀剑，在《水浒传》中武松所使用的兵器便是雪花镔铁戒刀。

• 蒙汗药

在《鹿鼎记》中，韦小宝能够纵横江湖靠的就是口才、神行百变和迷药。韦小宝善于使用迷药，奉假太后之命去传召韦小宝的四位太监，被韦小宝用蒙汗药迷倒，然后杀死。围攻独臂神尼的西藏喇嘛也被韦小宝用蒙汗药迷倒，解了围困之难。不过，蒙汗药时效不长，药效也易解，在小说中，往往一盆凉水就能激醒过来。

化学解读

蒙汗药，从字面意义上解释就是把汗蒙住的药。这种药物可以抑制汗腺分泌汗液、麻醉神经、松弛肌肉，剂量过大能使人失去知觉甚至昏厥。关于蒙汗药

的成分有多种说法，现在普遍认为蒙汗药主要是从一种叫曼陀罗的植物中提取出来的。曼陀罗产于中国西南各省，又名山茄子、风茄子等，夏秋之交开出白色或淡紫色的花，花形酷似小号，因此也得名“天使的小号”，但浪漫的名称却并不能掩盖它剧烈的毒性。

东莨菪碱，化学式$C_{17}H_{21}NO_4$，是曼陀罗中能起到“迷倒”效果的关键成分。在人体中，神经细胞中的突触是神经信号传递的基本结构。在神经信号传递过程中，一种叫乙酰胆碱的化学物质从突触前膜释放，再与突触后膜的受体结合，由此激活下一个神经细胞，完成神经冲动在神经细胞之间的传递。东莨菪碱也能与突触后膜上的受体结合，但它却不能传递神经信号。这就相当于东莨菪碱占据了乙酰胆碱的“岗位”，却不干乙酰胆碱的“工作”。于是，神经信号的传递被阻断，从而达到麻醉效果。关于解药，有古籍提出“甘草解药毒”，即用甘草汁解蒙汗药之毒。不过在医学发达的今天，倘若真中了招，还是尽快送至医院急救才较为妥当。

随着科学研究的发展，东莨菪碱加上吗啡已经成为止痛药和睡眠诱导剂的常见成分，还被用作外科手术的麻醉剂。不过，曼陀罗毒性的一面，也成为犯罪的一项隐患。在仁医手上它是救命的药，在歹人心中它却是致命的毒。在人性与社会道德标杆的约束下，取长补短，才应该是“蒙汗药”在现代社会应有的归属。

吗啡：鸦片中主要的生物碱组分，1806年，英国化学家泽尔蒂纳从鸦片中将其提取出来，并以希腊梦神的名字命名。吗啡及其衍生物是全世界使用最为广泛的镇痛剂。

• 鹤顶红

在小说《飞狐外传》中，胡斐带着中毒的马春花，找程灵素求救。程灵素查看后，发现马春花同时中了“鹤顶红”与番木鳖之毒。虽然经程灵素全力救治，无奈小人作祟，最终导致马春花毒气攻心，不治身亡。

化学解读

鹤顶红，这种武侠小说中常见的剧毒，传说是由古人采用丹顶鹤的丹顶而制作，事实上该说法属于无稽之谈。丹顶鹤头顶的那块“红”，只是丹顶鹤脱去毛发后的头皮，因为有大量毛细血管而呈朱红色，和毒性二字完全没有关系，甚至古籍中还有食用“丹顶”的有关记载。

那既然鹤顶红并非来自于丹顶鹤，为啥古人会取上这样一个名字呢？那是因为在人们的认知中，自然界中越艳丽的东西往往毒性越大，比如各种颜色鲜艳的蘑菇往往有剧毒。另外，鹤顶红呈红色，毒性猛烈，入口后极易“驾鹤西去”，于是不知哪位前辈脑洞大开，便根据丹顶鹤头顶的一抹红，给该毒药起了这样一个雅号。鹤顶红的主要成分是三氧化二砷（As_2O_3）。As_2O_3纯品为白色结晶性粉末，是由砒石通过升华提炼出来的，似霜花，故俗称“砒霜”，有剧毒，LD_{50}为10mg/kg（大鼠经口）。砒霜的毒性机理主要在于砷对体内酶蛋白的巯基具有特殊的亲和

砒石：一般由天然的含砷矿物，如砷华、毒砂（硫砷铁矿）、雄黄等加工制造而成，具有一定的药用价值。

力，会与含巯基的酶结合而使其失去活性，影响细胞的正常代谢，最终导致细胞死亡。古时由于生产技术有限，制成的砒霜往往带有红色杂质，俗称红砷，即“鹤顶红”。当不纯的砒霜与银接触，杂质中含有的硫或硫化物在银表面会生成一层黑色的硫化银，这也就是古装剧中常见的验毒手段“银针试毒”。当然现代工艺制备的砒霜纯度高，银针可就发挥不了“试毒”的作用了。

任何事物都有两面性，其实砒霜既能害人也能救人，古时就有利用砒霜“以毒攻毒”的治疗方法。现代研究表明，As_2O_3对多种恶性肿瘤具有生长抑制的功效，如急性早幼粒细胞白血病、原发性肝癌等。相信随着对As_2O_3研究的不断深入，其造福人类的功效会得到更为广泛的利用。

不灭慧光：《鬼吹灯》中的化学玄机

导语：“发丘印，摸金符，搬山卸岭寻龙诀；人点烛，鬼吹灯，堪舆倒斗觅星峰。”天下霸唱的《鬼吹灯》系列，紧紧扣住人们探险揭秘的猎奇心理，在现代网络的推波助澜下红遍大江南北，被奉为华语悬疑探险小说的经典之作。《鬼吹灯》能够引人入胜，原因之一便在于其所蕴含的知识广博，三教九流，皆含其里，五行八作，尽出其中。其中，就有那无法吹灭的化学慧光，犹如点点星火，缀染在奇绝诡异的地下世界！

● 琉璃

《鬼吹灯》系列中多次提到琉璃物件，如《精绝古城》中胡八一等在野人沟挖到天宝龙火琉璃顶；另外，《怒晴湘西》里的乔二爷是琉璃厂的名画师。

化学解读

琉璃，又称“瑠璃”，主要成分为二氧化硅、氧化铝和氧化铅等，是以各种颜色（色彩由所含的各种金属元素形成）的人造水晶为原料，经高温烧制而成。琉璃的品质流光溢彩、晶莹剔透，在我国传统文化尤其佛教文化中占有重要地位，被列为五大名器

探微词典

（琉璃、金银、玉翠、陶瓷、青铜）之首，通常用于宫殿、庙宇、陵寝等重要建筑的装饰。

中国的琉璃最早可以追溯到西周时期，由青铜器铸造时产生的副产品经提炼加工而成。春秋时期，阴阳学盛行，这种润滑光亮的釉质材料引起阴阳家的重视，并在实践中逐渐摸索出原始的琉璃配方。其后，琉璃的制造工艺逐渐成熟，并为王室工匠所掌控。明代建成的大报恩寺琉璃宝塔高达78.2米，通体用琉璃烧制，被誉为“天下第一塔”。2008年，琉璃烧制技艺入选第二批国家级非物质文化遗产名录。目前，我国市场上的琉璃主要有以南方为代表的脱蜡琉璃和以博山（山东淄博）为代表的手工琉璃两种。

脱蜡琉璃：也称为古法琉璃，是采用脱蜡铸造技术加工制造而成的一种琉璃。

琉璃的化学成分与玻璃相近，主要成分均为二氧化硅，烧制工艺上也多有相近。遗憾的是，在中国古代，并没有实现琉璃到玻璃的过程演变。究其原因，主要有以下几点：在现代工业崛起以前，玻璃生产所需的大量天然碱（碳酸钠），大多产自内陆的咸水湖；而中华文明是在雨水充沛的黄河流域产生，不太具备玻璃制造的原料基础。再者，中国古代的哲学体系“独尊儒术”，缺乏对科学价值的阐扬，更毋谈对科学创新的奖进，这使古代工匠缺乏足够的动力，去探索“二氧化硅”的自然奥秘，并止步于琉璃的流光溢彩中。

• 狼眼手电

《鬼吹灯》系列中，这样描述狼眼手电，“不仅可以用来照明、瞄准，它还有一个最大的特性，在近距离正面照射时，可以使肉眼在瞬间产生暴盲”。正是依靠这件神器，现代摸金校尉们多次化解危机，逃离恶兽的利爪。

化学解读

狼眼手电，又称狼眼战术灯，短小精悍，其光亮度可达近2000流明，且非常聚光，在晚上照射目标能造成目标的暂时性失明，通常用于各国警方与特种部队成员的便携战术装备。狼眼手电的发光结构采用发光二极管（LED），这是一种能将电能直接转化为光

▶ **流明**：一个描述光通量的物理单位。普通白炽灯的发光效率约为每瓦10流明，因此一个60瓦的白炽灯，发出的光约600流明。

的半导体器件。与传统灯具相比，LED灯具有节能、环保、显色性与响应速度好的优势。

LED灯的发光源于灯内如绿豆大小般的灯珠，由环氧树脂封装的半导体晶片构成，芝麻大小的晶片内可是大有乾坤。晶片一端是P型半导体，其中的载流子主要为带正电的空穴，另一端是N型半导体，主要的载流子是带负电的电子。将两种半导体通过发光层衔接，整体就形成一个P-N结。当外界电流通过晶片时，N型半导体内的电子与P型半导体内的空穴会在发光层发生复合，在剧烈碰撞中以光子的形式释放能量，这就是LED灯发光的基本原理。另外，如果我们将很多LED灯珠进行拼连，便可以形成各种类型的LED灯。

不同材料的半导体会产生不同颜色的光，如砷化

探微词典

半导体：根据导电性能的差异可将材料分为导体、绝缘体和半导体，在常温下导电性能介于导体和绝缘体之间的物质称为半导体。

镓二极管发红光，碳化硅二极管发黄光，磷化镓二极管发绿光等。然而截至目前，还没有任何一种能发白光的半导体材料进入商业领域。那我们平时所见的白光LED缘何而来？简单来说，是通过按比例添加多种二极管材料或涂层荧光粉，不同颜色的光叠加而形成。其实，通过红、绿、蓝三色可以调制合成大多数颜色的光，反之，绝大多数颜色的光也可以分解成红绿蓝三种色光，这就是色度学的重要三基色原理。正是由于三基色原理，我们的生活得以点缀七彩斑斓的灯光。

● 温泉

在网剧《鬼吹灯之精绝古城》中，胡八一和胖子进入地下河，发现“河水像温泉一样舒服”。胡八一

解释："可能因为这一带地壳活跃，有岩浆活动。"接下来又警惕地提醒道："咱们觉得舒服，有些东西也会觉得舒服。"

化学解读

温泉是一种从地下自然涌出的，高于周边环境温度的泉水。哪怕在白雪皑皑的寒冬，它依然温暖如春。那到底什么赋予它亘古不变的"热情"？答案是源于地球深处的核元素衰变。地球内部有铀238、铀235、钍232等多种放射性元素，这些元素在长期的衰变过程中，不断辐射出热量，也就是我们所经常听到的"地热"来源。这些热量非常巨大，以至于能将地心的岩石熔成岩浆。如果地下水能碰到这些热量，又有机会通过岩层缝隙涌出岩层，就形成了地表的特殊水体——温泉。

衰变：放射性元素的不稳定原子核放射出粒子和能量，变得更加稳定的过程。

关于温泉的功能，人们有两种相左的观点。其一，相信温泉有奇效，泡温泉能够养生保健；其二，担心温泉有害处，存在辐射等危及我们的健康。其实，不同的温泉差异很大。有的温泉温度适宜，令人愉悦放松，所含的适量硫化物能抗菌消炎，富含的硅酸盐以及锶、氟等元素，具有一定的美容护肤功效。因此，如果使用得当，这种温泉确实能"泡"出健康。

不过，有的温泉存在安全隐患，比如有可能含有惰性气体——氡。氡由铀238衰变产生，无色无臭，具有放射性。少量的氡或许对人体有益，但如果氡的浓

探微词典

度过大，会损害气管，诱发肺癌。还有的温泉砷含量过高，可能会导致皮肤癌等。另外，皮肤有伤口、溃烂或感染的人不适合泡温泉，因为这样不但会污染水质，还会使伤口恶化。属于过敏性皮肤体质的人也不适合泡温泉，以免引发荨麻疹等皮肤过敏反应。总之，温泉是一把双刃剑，人们应当进行合理的利用和开发，才能最大限度地享用大自然给予人类的馈赠。

• 野外净水技术

《鬼吹灯》系列中多次提到野外净水技术，如《精绝古城》中胡八一等跟随白骆驼遇到一处水洼，接着Shirley杨先把水装进桶里，再加入净水片，才分给众人饮用。大家大口大口喝着水，都感觉又活过来了。

化学解读

野外的水一般不能直接饮用，这是因为其可能含有复杂的矿物质、各种病菌等，容易对人们的健康造成伤害。现有的户外水处理方式主要有烧开、过滤和净水药品三种。烧开一般能有效杀死水中的病菌，缺点就是浪费燃料，而且耗时较长。过滤是将水源依靠手动或重力作用通过滤层，将细菌及污物滤出的方法。其中沙滤是一种古老价廉的过滤技术，它是利用细沙滤层将水中的杂质颗粒截留，另外细小的沙粒表面积大，对水体还能起到吸附净化的效果。市场上目前还有各种户外专用的净水滤芯，材质有纤维、陶瓷、活性炭等，不过其原理仍是物理性的截留、吸附作用。

净水药品主要分为絮凝剂和消毒剂两种，主要依靠的是化学作用。其中最常用的絮凝剂是明矾，俗称“白矾”，化学式$KAl(SO_4)_2 \cdot 12H_2O$，是一种含结晶水的硫酸钾和硫酸铝的复盐。将明矾加入水后，溶解并发生电离，产生大量的钾离子、铝离子和硫酸根离子，其中铝离子能转化成絮状的氢氧化铝，吸附水体中的悬浮物，使之沉降而起到澄清作用。

电离：电离可分为物理电离和化学电离，文中指的是化学电离的过程，指电解质在溶液中或者熔融状态下解离为带有相反电荷的自由离子的过程。

目前的消毒剂，多半使用的是碘类或氯类消毒剂。碘类消毒剂中起到杀菌作用的是游离碘或次碘酸：游离碘具有很强的渗透作用，能迅速穿透细菌的细胞壁并导致蛋白质变性沉淀；次碘酸则主要依靠氧

化作用杀灭病原体。氯类消毒剂包括二氧化氯、次氯酸钙等，特征是溶于水能够生成具有灭杀微生物效果的次氯酸。次氯酸分子量小，易扩散到细菌表面并穿透细胞膜进入菌体，使病菌蛋白氧化导致死亡。

• 瘴气

《鬼吹灯之云南虫谷》中，陈瞎子提到曾经率队探路虫谷，结果被瘴气所伤，活生生由“天生一双夜眼，目力惊人”变成了陈瞎子。

化学解读

瘴气是一种地理、医学、气候等多重因素下形成的文化概念。南方的密林中，雨淋日炙，湿热熏蒸，

加以腐烂的动植物尸体、毒物的痰涎，洒布其间，形成能致人疾病的有毒气体，一般称之为瘴气。

无论“瘴气”、“浊气”还是“戾气”，所谓的“气”，更多的是一种传统意义的泛称，并未指出真正的致病物，这也就难以对其进行防控并发现针对性的治疗药物。有观点认为，瘴气的实际致病体为疟疾，这是一种经蚊子叮咬而感染疟原虫所引起的虫媒传染病。山林中，常有寄生恶性疟原虫的蚊子群飞，就像一团黑沉沉的气体。人畜被叮咬后，便会感染恶性疟疾，主要表现为周期性的高热、多汗，在缺乏有效救治的条件下，致死率极高。1969年，中国中医研究院的屠呦呦接受抗疟药的研发任务，她领导科研组从系统收集整理古代医籍、本草药方入手，结合现代医学和检测方法，经历数百次实验，终于通过乙醚冷浸法，从中药青蒿中提取到一种分子式为$C_{15}H_{22}O_5$的无色针状结晶体，并取名为青蒿素。青蒿素能够通过破坏疟原虫的细胞膜系结构等途径，快速杀灭疟原虫。它的发现，为世界带来全新的抗疟特效药。

以青蒿素为基础的联合疗法，作为世界卫生组织（WHO）推荐的关于疟疾的最佳疗法，已挽救全球数百万人的生命。2015年，诺贝尔生理学或医学奖得主屠呦呦在瑞典卡罗林斯卡医学院用中文发表演说时指出：“青蒿素是人类征服疟疾进程中的一小步，也是中国传统医药献给世界的礼物。”

青蒿：一种菊科蒿属的草本植物，主要产自中国，最早记载于《神农本草经》。青蒿的古名为“菣”，意思是治疗疟疾的草。

- **防毒面具**

《鬼吹灯》系列中，防毒面具是现代摸金校尉的标准装备之一。无论是探路云南虫谷，还是寻访巫峡棺山，每遇未知的风险，众人都会“将防毒面具的楔形带挂在胸前，以备随时使用”。

化学解读

防毒面具属于一种个人防护器材，戴在头上，使佩戴人员酷似“奥特曼”，可以有效防止环境中有毒有害气体、粉尘或病菌等的侵害。从造型上，防毒面具主要可分为全面罩和半面罩两类：全面罩可以防护眼睛、面部皮肤和口鼻，性能更为全面；半面罩只可以防护口鼻，但佩戴起来更为方便轻巧。

防毒面具的历史可以追溯到第一次世界大战期

间，当时英法联军在受到毒气袭击后损伤惨重。科学家发现，阵地上的大量野生动物，都相继中毒死亡，唯独野猪安然无恙。考察分析后认为，野猪习惯用嘴拱地，松软的土壤颗粒能过滤和吸附毒气，使它们躲过灾祸。科学家们从中得到启示，很快研制出世界上首批仿照野猪嘴形状的防毒面具。防毒面具主要由滤毒罐、罩体以及头带等部件构成，各部件各司其职，又相互配合。其中，滤毒罐是防毒面具的核心部件，其内部装有滤烟纸层，对人的呼吸无明显阻力，又能用于过滤气溶胶（悬浮在空气中的微小颗粒）粒子。另外，滤毒罐内装有专门吸收毒气的防毒炭。防毒炭拥有丰富且尺寸合适的孔隙结构，不仅能保证具有吸附作用的道路畅通，还能尽量多“吃”毒。防毒炭一般还经过特殊的化学药剂（如催化剂等）进行处理，能加速毒气吸收和转化的物化反应，使滤毒罐能够大量“吃”毒的同时，还能有效“化”毒。

防毒面具的防护功能强大，不仅是人们在化工、矿山和冶金等工作环境中的必备“神器”，还在人们日常的消防安全中大显身手。据统计，火灾死亡人员中有高达80%是因为吸入有毒烟气窒息而亡，而消防防毒面具（消防面罩）能够有效阻断燃烧所产生的有毒烟气。另外，该面具还设计有涂覆铝箔膜的头罩，不仅可以有效地抵抗热辐射，还具有反光功能，能让消防员更容易发现并营救逃生人员。

第一章
人文化学史

第二章
化学与文学

第三章
化学与健康

第四章
化学与军事

第五章
化学与材料

吃货福音：方便食品中的化学风味

导语：在经济飞速发展、生活节奏日益加快的今天，烹饪一顿热气腾腾的美食对于厨艺水平与休息时间都相当有限的年轻人来说，已显得愈发奢侈。在此背景下，“懒人经济”风靡全球，方便食品大放异彩。其实，早在3000多年前，我国就已出现可干吃也可泡食的饹面，且作为传统美食传承至今。近年来，速冻水饺、自热火锅等五花八门的新型方便食品更是层出不穷，为提高人民生活质量与幸福感注入新的活力。不过，在便捷的同时，方便食品也引发来自环境、安全等方面的诸多质疑，值得各路吃货们加以当心。

饹面：以面粉为主要原材料做成的中国特色传统面食，历经调面、摊面、晾面、压叠、切面等步骤制作而成，可拌汤或干食，被誉为世界上最早的方便食品，其历史可追溯至距今4000年的商末周初。

松花蛋

有这样一款东方美食，在中国的超市饭店随处可见，淋汁蘸醋，下酒熬粥，可谓居家旅行之良品。但是，它却被西方国家的某些媒体戏称为“恶魔之蛋”，就连在《荒野求生》中以“啥都敢吃，啥都能吃”而著称的贝尔见后，也惊呼“莫非这是恐龙蛋？”当然不是，褐绿软弹的它，正名松花蛋，又称皮蛋，是一种经强碱腌制而成的蛋制方便食品。

据考证，松花蛋最早起源于明代，制作工艺主要分为液浸法与涂泥法两类。其中涂泥法的大致流程为：把生石灰、草木灰、纯碱、食盐等加水调成灰料，熟化后，将新鲜的鸭蛋或鸡蛋滚涂上料，并蘸上一层稻糠或锯屑，轻轻挤压紧固后密封静置，10余天后即可食用。灰料熟化过程中，生石灰遇水形成氢氧化钙，继而与草木灰、纯碱反应，形成氢氧化钾与氢氧化钠。随后，这些强碱性物质会通过蛋壳中的微孔进行渗透，诱导蛋清从半流质状态变为液体，再转化为凝胶状。同时，碱性环境会造成蛋白质与脂肪的部分降解，形成的氨基酸与游离脂肪酸等造就松花蛋的特有风味。关于松花蛋的颜色，主要源于氨基酸等与

➤ **液浸法：**化学原理和涂泥法类似，制作方法上采用的是液体浸透禽蛋的方式。将烧碱水、熬制好的茶汁、盐搅拌溶解，随后将禽蛋压置液面之下，密封腌制而成（强碱性物质会通过蛋壳中的微孔进行渗透）。

糖类物质发生的美拉德反应，促使蛋清变为深褐色；同时蛋白质降解过程中产生的微量硫化氢与金属离子反应，会生成绿色的硫化物点缀。另外，蛋膜蛋壳中的镁离子会与氢氧根结合形成纤维状氢氧化镁水合晶体，并不断聚集生长分枝，最终在蛋清上雕出松枝样的美丽花纹，这也正是“松花蛋”的得名由来。

松花蛋，这款在国人眼里美味耐看的食品，在国外的吃货看来却难以接受，或许这更多源于饮食文化认知的差异。不过，从健康角度讲，松花蛋确实存在些许不足：比如松花蛋生产虽已经发展为无铅工艺，但仍有厂家在腌制中添加黄丹粉（氧化铅），容易形成铅污染；松花蛋钠含量超出鲜蛋的5倍，高血压病人要慎食……总之，松花蛋虽美味，也不宜多吃哦!

美拉德反应： 又称羰胺反应或非酶棕色化反应，指含氨基的化合物（氨基酸和蛋白质）和羰基化合物（还原糖类）在常温或加热时发生的聚合、缩合等反应，最终生成类黑精等大分子物质，副产还原酮以及含某些挥发性的杂环化合物，这些产物和副产物是食品独特色泽和风味的重要来源。

• 薯片

薯片是一种利用马铃薯（土豆）制作而成，供人们休闲解压的零食，关于其发明的故事目前已难考证。你是否在某个空虚寂寞或者“压力山大”的时刻，沉陷在薯片的诱惑中，享受着薯片“咔嚓咔嚓”带来的快感，将高热量和体脂率通通抛在脑后？薯片真是一种让人又爱又恨的食物，拥有让人欲罢不能的魔力。

按照不同的制作工艺，薯片可大致分为切片型与薯粉塑形型两类。切片型油炸薯片是先把马铃薯去皮切为薄片，再经油炸后制成。由于马铃薯淀粉经油炸会膨胀，导致薯片的内部发生分层，这使油炸后薯片的口感更加蓬松酥脆，但也更易压碎，故往往采用“受气包”进行包装。在薯片的“受气包”中充入氮气，不仅可以起到缓冲作用，防止切片薯片被压碎，而且由于氮气分子中氮氮三键的键能非常大，化学性质不活泼，不易发生反应，能使薯片更长久地保持爽脆和新鲜。薯粉塑形型油炸薯片是将薯粉和配料在流水线压制成片状后，经油炸制成，形状大都是圆形或类圆形，其中最经典的便是马鞍面形状。流线型的马

鞍面形状使薯片具有几分工程数学的韵味，它是一种双曲抛物面，这种形状的曲面可以限制两个轴向的移动，在物理结构上具有很强的稳定性和承重性，能承受拉扯和挤压。这使成品的薯片即便再薄，也相对稳固，从而减少薯片碎掉的概率，方便堆叠，因此塑形型薯片大多采用盒装。另外，马鞍面形状能够与口腔完美贴合，在一定程度上增加了薯片在入口时碎裂的快感。

薯片作为当今社会深受大众喜爱的一款休闲零食，无论是闲余时光，还是加班时刻，只要“咔嚓咔嚓”吃上两口，那种愉悦的冲击感简直不要太上头。有研究表明，薯片中的盐分和脂肪不仅可以增强口感，还能触发多巴胺的释放，激活大脑奖赏机制，让人吃得根本停不下来。不过从健康角度考虑，还是建议大家减少薯片等煎、炸、焙烤类食物的摄入，少油少盐，平衡膳食，保持多样化的饮食习惯。

多巴胺：一种内源性含氮有机化合物，分子式为$C_8H_{11}NO_2$。多巴胺在整个中枢神经系统中广泛分布并起到调节作用，有研究认为它是一种会使人“感到愉快”的物质。

• 速冻食品

假如生活中摊上不准逛吃、不能点外卖的日子，那冰箱里囤积的速冻食品，可能就代表了年轻人幸福指数的味蕾上限。速冻食品，是指通过急速低温冷冻技术加工并在冻结条件下保存的食品。当前，速冻食品早已突破了速冻水饺、汤圆等的传统概念，从蔬果

杂粮，到糕点料理，万物皆可速冻，包你足不出户，吃遍天下。

在很久以前，人们就已发现冷冻能够延长食品的保质期，只是解冻后的口感和风味差了很多。在20世纪初，美国人克拉伦斯·伯德赛在格陵兰岛旅游时，发现当地的因纽特人在－40℃的自然环境下快速冷冻的鲜鱼，不仅能够储存长久，融化后还能依然保持鲜美。随后，伯德赛模仿格陵兰岛的极寒环境，开发出速冻加工技术。速冻工艺中，一般要求在30分钟内将食品的中心温度快速降到－18℃以下。在这种条件下，食品内部水分形成的冰晶大多在100微米以下，与细胞的尺度（10～100微米）相当，并不会严重破坏食物的微观结构，从而最大程度地保留食品的营养

冰晶：是水汽在冰核上凝华增长而形成的固态水合物，形成的条件不同，冰晶的形态大小不同。

和口感。关于速冻食品，除了对生产加工过程的温度有严格要求外，储存、运输、销售中的温度也必须保持在－18℃环境。在该温度环境下，不仅各种细菌处于完全抑制状态，食品内部各种酶的活动也无法进行，这样就能最大限度地保持食品的原汁原味。另外需要补充的是，解冻后的食品我们尽可能一次性吃完，即使进行二次冷冻也不利于食品的保存，容易造成食品的变质。

速冻食品，依托于格陵兰岛天寒地冻的灵感来源，正在以巨大的消费市场风靡全世界。有统计认为，经济越发达、生活节奏越快的地区，人们对速冻食品的需求越旺盛。在我国，速冻食品市场仍处于快速增长时期，相信不远的将来，会有更多品类的速冻食品摆上我们的餐桌。

• 方便面

话说哪位国民，没曾在春运的火车上，泡过一碗方便面？在漫长的旅途中，行色匆匆的游子，在热腾腾的泡面蒸汽氤氲中，归家的旅途似乎也不再遥远。方便面，由华裔日本人安藤百福于1958年发明，是一种可用热水泡熟速食的面制品。随着现代生活节奏的加快，简单便捷的方便面在问世后很快风靡全球。

方便面主要由面饼、蔬菜包、调味粉包和酱包等组成。其中，面饼是方便面的核心，它是将压制后的面条经蒸煮、油炸等流程制作而成的。油炸食物可选择的油脂有很多，而制作方便面主要选用的是棕榈油。棕榈油是一种植物油脂，故不含有胆固醇，且相对于其他大多数植物油脂，其饱和脂肪酸含量高达50%，更不易氧化变质，能耐高温，并能长期储存。另外不知大家是否注意到，面饼被有意地塑造成波浪形的“卷发”状，这又是为何？原来，在生产的过程中，波浪形可加大面饼间的空隙，使面饼与热风、热油之间的接触面积增加，缩短烘干时间，节约能耗；其次，在运输过程中，波浪形可以更好地分散受力，使面饼不易破损；再者，在泡食过程中，波浪形可使面饼与热水充分接触，缩短泡发时间，而且不易滑落，方便食用。方便面中的蔬菜包虽小，要知道，那可是源于为航天食品研发的“冷冻脱水蔬菜”技术！先将切碎的蔬菜低温冻结，再骤然减压升温，使得蔬菜中的水分快速升华脱除。冷冻脱水蔬菜比鲜菜体积小、重量轻，入水便会复原，营养物质保存得较为全面。调味粉包和酱包的主要成分为盐、味精、香精等，主要用来调味，以满足不同口味食客的需求。

方便面作为旅行中的必备“神器”，丰满了国民几代人的春运记忆，温暖着每年数亿人的归家旅途。不过，当前的方便面大多仍存在高盐高油、营养单一等问题，这使它还难以被称作一种健康的食品。随着

棕榈油： 由油棕树上的棕榈果压榨而成，是世界上生产量最大的植物油品种，与大豆油、菜籽油并称为“世界三大植物油”。

饱和脂肪酸： 脂肪酸是由碳、氢、氧三种元素组成的一类化合物。根据碳氢链是否含有碳碳双键，可分成饱和脂肪酸（不含碳碳双键）和不饱和脂肪酸（含碳碳双键）。

食品化学科技的发展，如微波膨化工艺、热风干燥技术的运用，相信会有营养与美味兼备的新品种推出，提供给国民在旅途中的“流动盛宴”。

珍珠奶茶

奶茶，闻有醇香，入口爽滑，深受广大年轻人喜爱。珍珠奶茶更是被年轻人奉为“神仙饮品”，无论是自习、加班还是逛街，来一杯浓郁的奶茶，回味着绵软丝滑的口感，嘴里嚼着几颗Q弹珍珠，瞬间精神饱满，仿佛忘却人间一切烦恼。珍珠奶茶最早起源于中国台湾，目前已经成为台湾地区最具有代表性的饮

探微词典

微波膨化工艺：利用微波从内部加热的特性，使物料中淀粉糊化、蛋白质变性以及水分汽化，从而导致食品物料组织内部形成疏松均匀的微孔结构而膨化。微波膨化技术加热速度快，能避免食品发生不必要的反应，能较好地保留制品的原有风味。

料之一，据称全世界有30亿人次喝过珍珠奶茶。

珍珠奶茶中有三宝：珍珠、奶和茶。奶茶中的“珍珠”俗称粉圆，以淀粉为主要原料制成，其中以木薯淀粉最为常用。木薯淀粉分子量较大，在加水煮熟冷却的过程中，分子之间发生缠绕形成网状结构，表观呈透明的凝胶团状，具有很高的黏度和Q弹性。另外为了有更好的口感和嚼劲，淀粉中还会加入一些小麦蛋白，小麦蛋白具有良好的水合性质和网状结构，通过跟淀粉结合，能够增加珍珠的紧实性。关于奶茶中的“奶”，目前市面上的奶茶中虽然部分会添

探微词典

小麦蛋白：从小麦中提取出来的天然蛋白质，主要包括清蛋白、球蛋白、麦醇溶蛋白和麦谷蛋白等。如麦醇溶蛋白分子呈球状，分子量较小（25000~100000），具有延伸性，但弹性小；麦谷蛋白分子为纤维状，分子量较大（100000以上），具有弹性，但延伸性小。多种蛋白共同作用，使得小麦蛋白具有独特的黏弹性。

加鲜奶，但产品中“奶”的口感主要来自于奶精，又称“植物性奶油”，主要成分是氢化植物油，是由普通植物油在一定的温度和压力下加氢催化而成，与真正的奶制品及成分无关。“茶”则来自于中国的一种传统饮品——茶叶，内含咖啡因。适量的咖啡因能够起到怡神醒脑的作用，这也是奶茶能使人愉悦的主要原因。

如今城镇的大街小巷，遍布着各种奶茶店。奶茶已逐渐成为年轻人日常生活的标配。但需要注意的是，奶茶中的“珍珠”对肠胃功能不太好的人群，多食可能不易消化。另外，奶茶里的反式脂肪酸，过多摄入可使血液中的胆固醇增高，从而增加心血管等疾病发生的危险。过量的咖啡因则会影响中枢神经系统……奶茶无罪，切莫贪杯哦！

反式脂肪酸：指分子链含一个以上独立的“反式”构型双键的不饱和脂肪酸，主要来源于植物油氢化改性过程中的副产物。

• 自热火锅

火锅，这款中华独创的美食，曾经被认为是无法独享的，“一个人吃火锅”更是代言了极高的孤独指数。然而，近年来兴起的自热火锅却颠覆了传统火锅的“多人”套路。不用火，不费电，免得洗碗，只需加点儿凉水，就可以享受一顿美味的火锅。这对于忙碌时尚的年轻人，岂不美哉？于是乎，自热火锅生逢其时，顺理成章逐渐走上“C位”。

自热火锅主要由发热包、食材、食材锅、锅盖及外锅组成。其中锅盖上设置有透气孔，用于释放高温下的蒸汽压力；发热包则是火锅“自热”的秘密所在，虽会由于厂家不同而存在配方的些微差异，但大体成分均包括3类：发热组分，如生石灰（CaO）、铁粉等，用于化学反应的发热；吸附剂，如焙烧硅藻土、活性炭、焦炭粉等，主要利用其疏松多孔的结构吸附活性成分，促使发热反应稳定且完全；吸潮剂，主要为碳酸钠（Na_2CO_3）、硫酸镁（$MgSO_4$）、氯化钙（$CaCl_2$）等盐类物质，能够通过吸收渗入包装内的微量水分来防止活性成分失效。从加热原理上讲，发热包主要利用含有的CaO与水发生反应生成熟石灰时放出的热量来加热食材。此外，发热包还含有铝粉

外锅：即加热锅，主要作用是通过盛装发热包和凉水，利用两者反应发热而加热食物。其材质主要为聚丙烯PP5，耐热温度可达130℃，对常见食物的酸碱性也有良好的耐受能力。需要注意的是，虽然PP5材质具有较好的耐热性能，但长时间高温暴露可能会导致PP5材质变形或软化。

及铁粉等物质，它们可通过与氧气反应释放热量，或与水、活性炭、盐形成原电池结构，借助氧化还原反应放热。另外，为了避免反应过于剧烈，发热包一般采用无纺布包装，能够让水缓慢渗入内部，尽可能保证安全。

自热火锅为生活、工作、学习“压力山大”的“新世代”消费者提供了新的选择。不过，在良莠不齐的市场背景下，自热火锅也带来诸多安全隐患：比如蒸汽口意外被堵可能导致爆炸；自热包中的CaO与铝粉、铁粉属易燃易爆危险品，储存运输不当易自燃；“自热”后的产物熟石灰腐蚀性强，属“有害垃圾”……因此，自热火锅虽美味，各位看官也要注意安全哟！

化学战“疫”：公共卫生中的化学勋章

导语：瘟疫，一般是指由细菌、病毒等强烈致病性物质引起的传染病。历史上，大大小小的瘟疫曾影响战争胜负、民族兴衰、社会枯荣，甚至推动政体变革，加速历史变迁，这使疫情防控成为人类公共卫生领域的重中之重。在抗击各种疫情的战争中，从防护材料到疫苗药物，从检测技术到消毒试剂，其实都离不开化学的鼎力相助。这里，让我们拨开瘟疫的灰霾，细数化学在公共卫生中的勇者勋章。

● 口罩

2019年底，新冠病毒嚣张来袭，肆虐横行，给全世界带来巨大的经济与生命损失。有统计称，疫情严重期间全球每天消耗的口罩高达40亿个。那小小的口罩何以做到断毒立功呢？其奥秘就在于口罩能够遮掩口鼻，并借助过滤吸附作用阻断病毒的主要传播途径——飞沫传播。

市售的口罩分为很多种，如果按照防护能力排名，由强到弱依次是：医用防护口罩、医用外科口罩、一次性医用口罩、普通棉布口罩。其中，医用外科口罩便能满足普通居民的日常防护需求。现代医用外科口罩的结构共有三层：内层（舒适层）、中间夹层（过滤层）、外层（防水层）。舒适层一般采用热轧无纺布，具有良好的吸湿透气性，可以保证口鼻的湿润环境；防水层同样由无纺布制成，只是经过有机氟类或硅类修饰剂的处理，具有疏水效果，能够有效阻止飞沫沾染进入；过滤层则涉及一种特殊的无纺布——熔喷布。熔喷布由超细聚丙烯纤维构成，这些纤维直径在0.5～10微米之间，并以随机方向层叠黏合，如迷宫般纵横交错，使飞沫和粉尘在其中寸步难行，起到良好的机械阻隔效果。此外，熔喷布还经过驻极处理，能够较长时间带有电荷，不仅能通过静电作用有效吸附闯入口罩中的带电微粒，还能将不带电的病菌部分极化，使得病菌被吸附或因电荷相斥而被阻隔在外，大大提高了过滤效率。

探微词典

飞沫传播：一种空气传播的方式，病原体可通过说话、咳嗽等排出的飞沫和分泌物进行传播。一般情况下，飞沫传播的距离有限，距离传染源1米以上为相对安全距离。流感、麻疹等疾病均可以通过飞沫传播的方式传播。

驻极处理：通过高压电场在熔喷布表面引入电荷，借助静电作用能够使熔喷布对病菌的过滤效率大大提升。

口罩在防护战“疫”中功不可没，在那段全球抗击新冠疫情的日子里，甚至承担起一种“同呼吸、共命运”的社会责任。在与疫情博弈的进程中，口罩会朝向智能化、环境友好等方面不断演进升级，以更为高效时尚的个性化设计继续守护人类健康！

● 医用防护服

在疫情肆虐时，有这样一群逆行者，他们不畏风险、迎难而上，为我们筑起守护生命的高墙，人们亲切地称呼他们为“大白”。大白，这个可爱的名字正

是来源于那身略显笨拙的白色医用防护服。医用防护服主要由医护人员使用，用于隔离工作环境中的病菌、有害超细粉尘等，保障自身健康。

医用防护服采用一种多层复合无纺布制作而成，贴近身体的第一层材料为透气布，其主要成分是聚乙烯纤维，又叫做乙纶。这种纤维是将高密度聚乙烯加热熔融后，经喷丝孔挤出，然后在空气中冷凝固化而成。由乙纶制成的面料具有良好的抗腐蚀性、抗湿性和透气性，能够防止防护服内温度过高，起到降温透气的作用。第二层为水刺布，由聚酯纤维和纤维素复合而成。其中，聚酯纤维就是人们常说的涤纶，由有机二元酸和二元醇缩聚而成的聚酯经纺丝所得。采用复合结构制作水刺布好处多多：聚酯分子链端极性基团少且排布整齐紧密，因此水分子很难穿过，从而使得含有病毒的气溶胶被有效阻隔；纤维素结构可以增加防护服的挺括度，使外表更加规整；两者复合强强联手，还具有耐磨、通透性好等优点。第三层为聚丙烯纤维无纺布，其中聚丙烯纤维俗称丙纶，是由等规聚丙烯为原料经纺丝制得的合成纤维。防护服上的丙纶布能够过滤直径约为0.007微米的颗粒，更足以将直径为0.01微米的病毒拒之门外。防护服的最外层是一种复合膜，由聚四氟乙烯和聚氨酯组成。聚四氟乙烯是一种常见的高分子材料，具有强大的疏水性，常用于雨衣、雨鞋等防水制品上，可为防护服表层提供

气溶胶：液体或者固体颗粒悬浮在气体中所形成的均匀的分散体系，具有胶体的性质。

防水能力。聚氨酯为多元醇与异氰酸酯的缩聚产物，可使防护服具有一定的弹性，提升穿着舒适度。

这种经过精心设计的多层复合结构形成一道道防线，使得这件白衣“铠甲”无懈可击，来保护防疫工作人员的安全，为抗击疫情作出了不可磨灭的贡献。关于医用防护服的研究从未停下脚步，相信未来的医用铠甲将在防护性、舒适性和环保性上给我们带来更多惊喜。

• 消毒剂

地质灾害或公共卫生事件发生后，各式消毒剂便会雷霆出击，或迂回作战扰乱病菌生存的微环境，或单刀直入破坏病菌的形态结构，来快速斩断病原微生

物伺机而动的黑手，防止疫情产生或蔓延。

常见的消毒剂可分为醇类、含卤素类、过氧化物类等。居家常备的酒精便是一种醇类消毒剂，它能够使病菌蛋白脱水、变性、凝固，从而达到消毒杀菌的目的。用于消毒的酒精浓度一般为75%。浓度过高，病菌蛋白脱水过快，会让表面蛋白质先行凝固，形成一层致密的包膜，阻碍酒精渗入，导致杀菌能力大打折扣；浓度过低，其渗透性也会降低，同样无法达到理想的杀菌效果。75%酒精的渗透压与细菌相似，可在细菌表面蛋白未变性之前渗入细菌体内，充分发挥杀菌作用。酒精适用于皮肤消毒，也可用于物品的小面积表面消毒，但不适合大面积喷洒。人们熟悉的84消毒液是一种含卤素类消毒剂，主要有效成分是次氯酸钠。次氯酸钠水解后会生成具有强氧化性的次氯酸。这是一种小分子酸，能够穿透细胞膜结构进入微生物内部，使其蛋白质氧化变性，可杀灭病毒、真菌、细菌芽孢等，主要适用于家庭、宾馆、饭店及其他公共场所的物体表面消毒。过氧乙酸则是过氧化物消毒剂的典型代表，分子式为CH_3COOOH。超强的氧化性是这类消毒剂的制胜法宝，可以让细菌体内的酶失去活性，还可以破坏细菌毒素的分子结构。过氧乙酸常用于室内空气、一般物体表面以及耐腐蚀物品的消毒。

消毒剂能够御敌于人体之外，切断传染病的传播路径，在疫情中功不可没。不过我们也要认识到，消毒剂若使用不当会造成危险。如酒精遇明火易燃，84消毒液与酸性洁厕灵混用会引发氯气中毒，等等。因此，我们要摸清各类消毒剂的脾气，也要倾力研发灭杀能力更强、危险系数更低的产品，让未来的消毒操作更加得心应手。

核酸检测

“红管管，白签签，排队一起做酸酸……”在新冠疫情中，几乎每个人都有过被“捅嗓子眼儿”的经历，这就是顺口溜中的“做酸酸”——核酸检测。核酸检测能够探测出样本中是否存在新冠病毒RNA，有助于及时发现传染源，对控制疫情传播具有重要作用。

采集核酸样本时，我们会发现保存拭子的采样管里有一种红色液体。这种液体叫做病毒保存液，其中含有能够快速灭活病毒的裂解盐，可以裂解病毒的外层蛋白，从而暴露出内部的核酸结构。保存液之所以呈现红色，是由于其中含有一种酸碱指示剂——酚红钠盐。酚红钠盐在中性环境下是红色，在碱性环境下是紫色，在酸性环境下则变为黄色。如果受到细菌污染，液体就会变为酸性而呈现黄色，提醒检测人员注意，以防检测结果受到影响。那如何知道样本中是否有病毒呢？这就要用到实时定量聚合酶链式反应

洁厕灵：一种酸性洗涤剂，主要成分是盐酸（HCl）；84消毒液是碱性洗涤剂，主要成分是次氯酸钠（NaClO）。二者结合会发生反应：$2HCl+NaClO = NaCl+Cl_2\uparrow+H_2O$，产生有毒的氯气。

拭子：由拭子头和拭子棒两部分组成，用于临床标本的采集。根据采集部位不同，可分为鼻拭子、咽拭子等。

（RT-PCR）技术。假设样本中存在新冠病毒，这种技术首先会将病毒RNA逆转录为单链DNA，通过PCR环节进行扩增，获得大量目标DNA序列。然后TaqMan荧光探针闪亮登场，该探针两端分别有一个荧光基团和一个淬灭基团，并且与新冠病毒的特异基因段序列互补。当探针完整时，荧光基团发出的荧光信号会被淬灭基团吸收，仿佛一盏被关闭的信号灯。而当探针与目标病原体的DNA序列结合时，其两端的荧光基团和淬灭基团就会被DNA聚合酶切掉，将这盏“荧光信号灯”打开。荧光信号越强，提示样本中的病毒含量就越高。

在抗击疫情的战场上，核酸检测就像一位深入敌营的“侦察员”，及时准确地报告病毒传播情况。随着技术的进步，相信更加高效、安全甚至智能一体化

探微词典

TaqMan荧光探针：一种检测寡核苷酸的荧光探针，特异性高，重复性好，但价格较高，一般用于病原体检测、遗传疾病诊断等。

探微词典

的检测手段会不断涌现，让人类在面对嚣张的瘟疫时更加镇定从容。

- **抗病毒药物**

在来势汹汹的病毒面前，人体免疫系统难免会有招架不住的时候。这时，我们可以使用抗病毒药物来助其一臂之力，让免疫系统获得休整时机，然后扭转局面，反败为胜，彻底消灭来犯之敌。

抗病毒药物是如何发挥作用的呢？要回答这个问题，我们首先需要了解病毒攻击人体的过程。病毒侵入人体后，首先会附着在宿主细胞表面，通过与细胞表面受体结合而进入细胞内部。然后，病毒脱去外壳并释放出遗传物质，利用宿主细胞里的酶和蛋白质进

行复制和基因表达。紧接着，复制出来的核酸和蛋白质外壳开始组装成新的病毒。最后，这些新病毒被释放到宿主细胞外部，开始新一轮的感染。抗病毒药物并不能直接杀死病毒，而是在病毒生命周期中的某个阶段发挥抑制作用，使其无法持续增殖。例如：抗艾滋病毒药物CCR5蛋白受体拮抗剂可以与细胞表面的CCR5辅助受体结合，屏蔽艾滋病毒的结合位点，从而阻止病毒在细胞表面附着；金刚烷胺能与一种异性蛋白质相互作用，并阻断其释放病毒基因组的功能，继而阻止病毒脱壳；核苷类化合物和膦甲酸等非核苷类化合物能够作用于病毒的聚合酶、逆转录酶，抑制病毒基因的复制合成；蛋白酶抑制剂可抑制蛋白酶的水解活性，导致病毒的蛋白质外壳无法形成；唾液酸类似物能够有效抑制神经氨酸酶，从而阻止病毒从宿主细胞中释放出来，我们熟悉的用于对抗流感病毒的奥司他韦便属于这类药物。

抗病毒药物为我们的健康增加了一层保障，但我们不能过度依赖它们，更不能盲目使用。要知道，许多病毒性疾病都属于自限性疾病，真正消灭病毒的是人体的免疫系统，而抗病毒药物对人体器官或多或少会有些损伤。所以，要对抗疾病，提高自身免疫力才是关键！

聚合酶： 在该酶的作用下，以DNA链为模板，基于碱基互补配对的原则，可催化脱氧核糖核苷三磷酸聚合形成与模板DNA链完全一样的子代DNA链。

逆转录酶： 在该酶的作用下，以RNA为模板，基于碱基互补配对的原则，可催化脱氧核糖核苷三磷酸聚合形成与模板RNA链互补的DNA单链。

神经氨酸酶： 一种分布在流感病毒被膜表面的糖蛋白，可以催化唾液酸发生水解，在流感病毒的生命周期中，能够协助成熟病毒脱离宿主细胞而侵染新的细胞。

• 疫苗

在军事演习中，有扮演假想敌的“蓝军”部队。在抗疫战场上，同样有一支供人体免疫系统“练兵”的“蓝军”，这就是疫苗。疫苗一般由细菌、病毒等病原微生物及其代谢产物经过处理后制成，能刺激免疫系统产生保护性的“记忆”。一旦真正的病原体进入人体，免疫系统便能够快速应答、准确出击。

疫苗的种类有很多，目前市场上成熟的疫苗主要有灭活疫苗、亚单位疫苗和腺病毒载体疫苗等。其中灭活疫苗是指用加热或化学试剂等理化方法将病原体灭活，使其丧失感染性和毒性，并加入适当佐剂而制成的一种疫苗。由于灭活疫苗完全失活，在进入人体后无法复制增殖，但它们的抗原特征却得以保留。

人体免疫系统就是利用这些特征来认准病原体的“那张脸”并做出免疫反应。亚单位疫苗是通过提取病原体的特殊蛋白质结构，筛选出具有抗原活性的片段而制成的疫苗。这种疫苗仅优选纯化出少量对保护性免疫应答起作用的几种关键蛋白质，能够避免一些无关抗原诱发的抗体产生，从而减少疫苗的副反应等。腺病毒载体疫苗则是另辟蹊径，它是首先将腺病毒中负责复制的关键基因片段剪切掉，使其无法复制增殖，但仍然能够侵染人体细胞。随后，科学家再将编码病原体特征（如新冠病毒S蛋白）的基因序列整合进腺病毒基因组内，腺病毒进入人体细胞后会释放出病原体的特征基因序列并合成特征蛋白（如S蛋白），从而诱发免疫应答，刺激人体的免疫系统识别病原体并形成“警觉”性记忆。

20世纪80年代，世界卫生组织正式宣布人类天花绝迹，成为人类抗疫史的第一次胜利，这要归功于英国乡村医生爱德华·詹纳所发明的牛痘疫苗。与瘟疫的屡次交手使人类领悟到，控制疫情最有效的手段是预防，而预防疫情最有效的手段是接种疫苗。可以预见，人类在未来仍将遭受各种未知传染病的袭击。因此，疫苗的研发与接种必将担负起更加重要的公共卫生使命。

探微词典

免疫应答：机体免疫系统在抗原刺激下，所产生的识别与清除抗原的系列生理过程。

S蛋白：全称刺突糖蛋白，位于新冠病毒的最外层，形似突起的“皇冠”。

牛痘疫苗：用于预防烈性传染病天花的一种减毒活疫苗，18世纪末由英国医学家爱德华·詹纳研究成功并推广。

抗癌斗士：肿瘤防治中的化学医药

导语：古人谈虎色变，今人谈癌色变。作为全球致死率最高的疾病之一，癌症早已不是年老体弱人群的专属，而是呈现出患者逐渐年轻化的趋势。关于癌症的治疗，目前主要包括手术、放疗与化疗三种。其中，化疗是借助静脉注射或者口服化学药物，依靠药物的化学特性杀灭癌细胞的技术手段。虽然化疗因“杀敌一千，自损八百”的毒副作用被广泛诟病，但不可否认的是，化疗是人们对抗癌症的重要武器，它会继续与其他疗法并肩作战，以期早日将癌症彻底变成可防可控的慢性病。

● 甲氨蝶呤

甲氨蝶呤又称氨甲蝶呤，化学式为$C_{20}H_{22}N_8O_5$。1947年，美国科学家西德尼·法伯发现叶酸拮抗剂——氨基蝶呤能够缓解儿童罹患的急性白血病。随后，华人科学家李敏求等采用更为安全的拮抗剂——甲氨蝶呤治愈首例女性绒膜癌患者，开启了借助化疗治愈成人癌症的新纪元，并因此荣获素有“诺贝尔风向标”之称的拉斯克临床医学奖。一般来讲，叶酸是

拮抗剂：“拮抗”简单来说就是“抵抗”的意思。一般来讲，拮抗剂并不是单一的药品名称，前面通常还有前缀词语。如叶酸拮抗剂的作用就是抵抗叶酸被癌细胞摄入，从而导致癌细胞的衰亡。

某些种类癌细胞代谢与增殖所必需的营养物质，而甲氨蝶呤具有与叶酸类似的结构，对癌细胞而言能达到“以假乱真”的效果。这样，癌症患者通过服用甲氨蝶呤，会诱导癌细胞摄入大量的“假叶酸”，最终使癌细胞因叶酸匮乏而凋亡。时至今日，甲氨蝶呤仍被广泛用于急性淋巴白血病、淋巴瘤、鳞状上皮癌等的化疗；它功能强大，但同时也会引起骨髓抑制、消化道不适等副作用，须严格遵医嘱使用。

- **喜树碱**

喜树碱（camptothecine）是一种吡咯喹啉细胞毒性生物碱，存在于在我国特有的珙桐科植物喜树中，最早由美国科学家M.E. Wall和M.C. Wani 于1966年在喜树茎的提取物中分离得到；它对胃肠道和头颈部肿瘤等具有较好的疗效。癌症本质上属于一种基因性疾病，突变的基因促使癌细胞陷入不受机体控制的持续分裂状态，同时它们需要借助一种叫做“拓扑异构酶

Ⅰ”的物质“拿捏”着这种突变不至于到“乱变”。而喜树碱能够特异性地抑制这种酶，最终导致癌细胞在遗传物质的“乱变”中走向崩溃。喜树碱的水溶性很差，临床上曾尝试将其改造为羧酸钠盐，但这样会导致患者血药浓度的瞬间上升而引起强烈的毒副反应。经过多年的技术积累和发展，更为低毒高效的喜树碱系列衍生物被开发出来；同时药物递送技术被广泛应用于该类药物，其中可选用的递送载体有脂质体、抗体偶联药物、胶束等，用来提高药物有效性，降低药物毒性，改善药物安全性。

- **长春新碱**

长春新碱（vincristine），分子式为$C_{46}H_{56}N_4O_{10}$，是从夹竹桃科植物长春花中提取出的一种双吲哚型生物碱，属于细胞毒类抗肿瘤药。20世纪50年代，加拿大科学家罗伯特等从长春花中提取出具有抗癌活性的长春花碱。随后，罗伯特等与美国礼来医药公司合作，推出抗癌效果更好的长春新碱。长春新碱的主要作用机制是干扰癌细胞的有丝分裂，从而抑制细胞的分裂与增殖，特别对急性淋巴性白血病、霍奇金氏淋巴瘤等癌症疗效显著。不过，长春新碱在应用过程中存在药物半衰期短、神经系统与胃肠道毒副作用大等缺点。于是，人们开始尝试将长春花碱类物质的分子

药物递送技术：其目标是在恰当的时机将适量的药物递送到“病灶”部位，实现在空间、时间及剂量上药物在生物体内的精准调控。

脂质体：在水溶液中，具有两亲性的磷脂分子的亲水头部暴露在水中，疏水的尾部则避开水相聚集在一起，由此形成具有双分子层结构的囊泡结构，即脂质体。

细胞毒类抗肿瘤药：指可以影响肿瘤细胞内DNA、RNA、蛋白等合成的药物，常见的细胞毒类药物有长春新碱、顺铂、阿霉素、紫杉醇等。

结构进行微调，成功开发出长春地辛（主要用于治疗黑色素瘤）、长春瑞滨（主要用于治疗非小细胞肺癌）和长春氟宁（主要用于治疗膀胱癌）等多种半合成药物。直到现在，长春花碱类分子的合成和构效关系研究依然如火如荼。

构效关系： 药物或其他物质的化学结构与其生理活性效果之间的关系，是有关药物化学的一项重要研究内容。

● 顺铂

顺铂，全名顺式二氯二氨合铂（Ⅱ），是一种具有抗癌活性的金属配合物。1844年，意大利化学家Michele Peyrone最早报道了顺铂的合成，1978年美国

探微词典

食品药品监督管理局（FDA）批准顺铂上市。随后顺铂的应用范围不断拓展，成为肺癌、卵巢癌、头颈部肿瘤等多种癌症的一线治疗药物。顺铂进入体内后，能够通过配位作用与癌细胞的DNA来场“亲密接触”，引起交叉联结，从而破坏DNA的功能，抑制肿瘤细胞的增殖。顺铂具有抗癌活性高、交叉耐药性少、有利于联合用药等优点，不过也存在水溶性差、容易产生耐药性等不足；另外，顺铂药物口服无效，目前主要采用静脉注射等方式给药。为解决顺铂的临床弊端，研究人员后继开发出卡铂、奥沙利铂、赛特铂等多种铂类抗肿瘤药物，呈现出低毒高效的趋势，进一步扩大了重金属配合物化疗的临床适应证。

● 紫杉醇

紫杉醇，分子式为$C_{47}H_{51}NO_{14}$，一种四环二萜化合物，分子中包含有11个手性碳，以及苯环、羰基、羟基和酯基等多种官能团，结构十分复杂，简直就是大自然调制出的“小怪物”！紫杉醇最早由Wani等人于1966年从短叶红豆杉的树皮中提取出来，临床前实验证明紫杉醇的抗癌活性很高，无奈它的产率非常低，大约每24千克的红豆杉树皮才能分离出1克的紫杉醇，加上红豆杉属于珍稀植物且生长缓慢，这使紫杉醇的成药进程备受争议。1988年，法国科学家罗伯

> **手性碳：** 指分子内同时连接有四个不同基团的碳原子，亦称不对称碳原子。手性碳存在于许多有机化合物中，如与生命活动有关的葡萄糖、乳酸等。

特·霍尔顿利用红豆杉枝叶中含量较为丰富的10-脱乙酰基巴卡丁Ⅲ，通过四步反应合成出紫杉醇，这种半合成方法促使紫杉醇的产业化成为可能。1992年，紫杉醇被美国FDA批准上市，并成为临床常用的经典药物，广泛用于乳腺癌、卵巢癌和肺癌等的治疗。目前，人们开始尝试使用植物细胞培养法、微生物发酵法等生产紫杉醇，以降低生产成本，提高产量与纯度，来满足医药行业对高质量药物的需求。

半合成方法：以来源于动植物或微生物的天然存在的物质为起始原料，通过化学反应制备产物的方法。

苷元：糖苷是一类缩醛式衍生物，由单糖的半缩醛羟基与醇或者酚类化合物中的羟基发生反应生成，旧称为甙。苷元则是指糖苷化合物中，与糖缩合的非糖部分，旧称甙元。

● 阿霉素

阿霉素，化学式为$C_{27}H_{29}NO_{11}$，是一种具有抗肿瘤活性的蒽环类抗生素；化学结构包含油溶性的苷元和水溶性的氨基官能团等，属于能同时溶于油脂

与水的两亲性分子。当前，阿霉素在商业上主要借助经过基因改良的链霉菌发酵生产。从抗癌机制上，阿霉素分子能够“加塞”嵌入癌细胞的双链DNA结构，造成DNA损伤断裂而发挥抗癌效果。虽然阿霉素存在心脏毒性等严重副作用，但整体来说，它是当前最有效、最常用的化疗药物之一，对乳腺癌、淋巴瘤等多种肿瘤均有治疗作用。值得一提的是，阿霉素与普通药房中常见的“阿奇霉素”仅一字之差，药效却差以千里。阿奇霉素属于大环内酯类广谱抗生素，一般用于呼吸道炎症等的治疗。总之，“阿奇”是抗感染药，“阿”是抗癌药，人们在使用时需要仔细看清。

● 吉西他滨

吉西他滨分子式$C_9H_{11}F_2N_3O_4$，是一种胞苷衍生物。吉西他滨最初是由美国礼来公司当作抗病毒药物合成出来的，在实验中却意外发现它能够杀伤癌细胞。原来吉西他滨在体内能够代谢形成化学结构类似于DNA原料的物质，随后被合成酶误认为是“自家人”掺入到新合成的DNA链中。这促使癌细胞在增殖过程中遭遇大量的“假冒伪劣”DNA，进而抑制癌细胞生长。凭借这种“独门绝技”，以及毒性反应低、与其他化疗药物交叉耐药性低等优点，目前吉西他滨已在全球超过90个国家获批使用，并在非小细胞肺

➤ **胞苷**：胞嘧啶核苷的简称，分子式为$C_9H_{13}N_3O_5$。

癌、胰腺癌、乳腺癌等多个癌种中获批适应证，尤其对胰腺癌的化疗效果突出。吉西他滨最常见的不良反应包括恶心、呕吐、肝功能异常、蛋白尿等，在治疗期间需监测血常规和肾功能指标等。另外吉西他滨具有放射增敏效应，与放疗的间隔时间需要在四周以上。

- **格列卫**

2018年，电影《我不是药神》上映后叫好又叫座，同时引发人们对医药化学的大讨论，其实剧中神

药“格列宁”的原型格列卫，很早就被白血病患者尊为活命神药。格列卫最早由瑞士诺华公司研制成功，是人类历史上第一种用于抗癌的分子靶向药物。格列卫的活性成分为甲磺酸伊马替尼，分子式为$C_{30}H_{35}N_7O_4S$，为苯胺嘧啶的衍生物。一般来讲，人罹患慢性粒细胞白血病后，体内会产生一种短臂22号染色体——费城染色体。这种染色体会诱导有缺陷酪氨酸激酶的产生，而发出非正常的信号，导致白细胞的不断分裂。格列卫能定位这种有缺陷的酶并抑制其活性，从而给白细胞的恶性增殖亮出“红灯”。格列卫的出现使慢性粒细胞白血病不再是“绝症”，且绝大多数患者使用后能够正常工作和生活。它的问世，也让人们意识到，原来癌症并不是必须被一举消灭的致命入侵者，而是一种能够被控制的慢性病。癌症患者也能如糖尿病等患者一样，与病共存，让生活充满希望！

费城染色体：指9号染色体与22号染色体重新组合形成的融合基因，是一种常见的染色体畸形，常见于慢性粒细胞白血病、急性淋巴细胞白血病及少数急性髓细胞白血病中。

“化”出美妆：化妆品中的化学气质

导语：俗话说，爱美之心，人皆有之。如今的人们越来越注重个人的形象气质，化妆品更是受到人们的追捧，尤其对于爱美女性，几乎成为生活的必需品。化妆品是指通过涂擦、喷洒或其他方法，施用于人体的皮肤、毛发、指甲等表面部位，来达到保养肌肤、美化外观、赋留香气等作用的日用化学品。如今，货架上的化妆品虽可谓琳琅满目，但它们的源头都是化学，从原料、工艺再到应用，化妆品与化学有着千丝万缕的联系。

• 防晒剂

在那些阳光灿烂的日子里，我们有必要使用防晒剂来保护肌肤免受紫外线的侵害。防晒剂按机理分为紫外线散射剂（物理防晒）和紫外线吸收剂（化学防晒）两类。紫外线散射剂能够在皮肤上形成一层均匀的保护层，通过该保护层对紫外线的反射、折射和散射，屏蔽掉部分紫外线，来减少对皮肤的伤害。也就是说，散射剂主要依靠“阻挡”的方式实现防晒，组分多为无机物，常见的有氧化锌、滑石粉及氧化钛等。紫外线吸收剂一般指具有芳香族结构的有机物质，它们能够高效地吸收紫外线，并将吸收的能量转化为热能或无害的低能辐射，也就是依靠“化解”的方式来进行防晒。一般来讲，分子内的芳香结构越大，吸收剂的吸收强度就越大，而最大吸收峰的波长也越长，因此作为短波的紫外线吸收剂的分子量一般较小。常用的化学防晒剂原料有二苯酮、水杨酸乙基己酯、羟苯甲酮等。相对于散射剂，紫外线吸收剂通常质地轻薄不黏腻，但对皮肤有一定刺激性且光稳定性不佳，长时间日晒下需要反复补涂。

紫外线：一种电磁辐射，其波长范围在100nm到400nm之间。紫外线对人体有一定的益处，如促进合成维生素D，但过度暴露于紫外线下会导致皮肤损伤和其他健康问题。

• 皮肤保湿剂

皮肤保湿剂是一种皮肤调理剂，它能增加皮肤的表皮含水量，减轻脱屑、皴裂等“烦恼”。皮肤保湿剂主要包括封闭剂、润肤剂和吸湿剂三类。封闭剂一

般选用羊毛脂、矿物油、凡士林等能在皮肤表面形成油膜的保护物质，可以有效减少或防止角质层水分的“出逃”，保证角质层的水分滋养。有趣的是，这几种封闭剂也常用作润肤剂家族的一分子。润肤剂能够填充脱落角质细胞之间的空隙，使角质细胞的卷曲边缘变平，让皮肤表面摩擦力变小，光线反射更柔和，起到软化和润滑皮肤的效果。值得一提的是，虽然几乎所有类型的油类都可以使粗糙的皮肤光滑，但只有能够在皮肤表面形成连续油膜的油脂才能有助于角质

探微词典

角质层：位于皮肤的最外层，通常由多层角质细胞构成，这些细胞经过角质化过程后形成一层硬质的、具有防水和保护作用的屏障。

层的Q弹性。吸湿剂是指能吸收水分的物质，常用的有聚乙烯吡咯烷酮、透明质酸和甘油等，它们含有丰富的亲水官能团，能够将水分从皮肤深层吸引到表皮角质层，也能够从湿润的空气环境中汲取水分滋润皮肤。

- **抗氧化剂**

“永葆青春”是人类永恒的梦想，有研究表明自由基是导致人类衰老的重要因素之一，抗氧化剂

能够帮助人体抵御自由基的侵害。现在市场上的许多护肤品都添加有各种抗氧化剂，例如眼霜、面膜等。常用的抗氧化剂有维生素E、维生素C、超氧化物歧化酶（SOD）等。其中，维生素E又称生育酚，属于脂溶性抗氧化剂。它可以进入细胞膜内部，保护膜中的多不饱和脂肪酸免受氧化损伤。除抗氧化效果外，维生素E还具有改善皮肤色素沉着、减少疤痕等护肤效果。维生素C又称抗坏血酸，属于水溶性维生素。它能够用自我牺牲的方式直接抵御自由基的攻击，具有良好的抗氧化效果。不过维生素C性质活泼，且皮肤吸收的效率低，在实际中一般与维生素E等复配使用。SOD是一种具有清除自由基效果的抗氧化蛋白酶，广泛分布在微生物、植物和动物等各种需氧生物体中。O^{2-}称为超氧阴离子自由基，是生物体内的一种活性氧，具有极强的氧化毒害能力。SOD能够特异性地催化O^{2-}发生歧化反应而生成过氧化氢，随后体内的过氧化氢酶等会立即将其分解为完全无害的水。

自由基：一种具有未配对电子的分子或原子。自由基在体内的过多积累可能导致氧化应激，形成一种细胞内环境失衡的状态，并与多种疾病的发生和发展有关，包括癌症、心血管疾病、糖尿病等。

脂溶性：指在脂肪或油中具有良好的溶解性，但通常不容易在水中溶解的特性。

• 美白剂

俗话说，“一白遮百丑”。在许多爱美女性的梳妆台上，必定有一瓶美白产品。这里就需要聊一聊化妆品成分中的美白剂。皮肤颜色主要由皮肤中的

黑色素含量决定，而黑色素是由黑色素细胞内一种重要的氨基酸——酪氨酸转化生成。鉴于此，各类美白剂瞄准皮肤中的黑色素，开始“八仙过海，各显神通”：首先是“斩断根源”，通过抑制酪氨酸酶活性，来减少黑色素的生成，如熊果苷、氨甲环酸、壬二酸、曲酸及其衍生物等；还有“扭转乾坤”，还原已经生成的黑色素，如维生素C及其衍生物；再者“半路拦截”，抑制黑色素的转运，使生成的黑色素无法到达表皮，如烟酰胺，这也是目前使用量最大的化学美白剂；加上“除旧迎新”，主要功能原理是促

探微词典

黑色素：一种存在于人类和动物皮肤、毛发、眼睛等组织中的色素。黑色素的主要作用是提供颜色，并保护皮肤免受紫外线的辐射损伤。

进含有黑色素的表皮脱落，如水杨酸、果酸、羟基乙酸等，但过量使用这类物质容易对皮肤形成刺激。值得注意的是，黑色素的生成是人体正常生理功能的体现，如紫外线照射会使黑色素细胞合成更多黑色素，来保护皮肤细胞免受紫外线的伤害。因此，不提倡过多使用美白剂产品，以免对人体正常生理功能产生不利影响。

- **着色剂**

梅子酒红、蜜桃珊瑚、玫瑰红棕、复古浆果红……这些似乎散发着香气的迷人色彩，只是看看文

字，相信就会有很多女生疯狂“种草”了。殊不知，它们在一支口红的成分表上有着另外的“暗号”：CI 15985、CI 77163、CI 45410……这就是化妆品中的着色剂。CI即染料索引（colour index），后面是染料索引号，一般由5位数字构成，不同数值对应着不同种类的染料物质，如CI 15985代表的是一种人工合成着色剂——日落黄。根据来源，着色剂一般可分为有机着色剂、无机颜料、天然着色剂和珠光颜料4类。有机着色剂包括偶氮类、三芳基甲烷类、喹啉类等等；无机颜料大多从矿砂中提取精炼而得，又叫做矿物性颜料，如二氧化钛、氧化铁等；天然着色剂来自无毒的植物或动物组织，常用的有β-胡萝卜素、胭脂虫红、焦糖色素等；珠光颜料具有光衍射、光散射等物理性质，能够散发出珍珠般的闪耀光泽，如氯氧化铋、二氧化钛-云母等等。值得注意的是，着色剂能够帮助爱美人士打造明艳动人的妆容，但它同时也是化妆品配方里一个不容小觑的刺激源，使用者应根据自身情况加以选择。

偶氮类：一类分子内包含两个相邻并通过双键相连的氮原子的有机化合物，颜色鲜艳的偶氮类化合物通常用作染料或颜料。

喹啉类：指喹啉（C_9H_7N）及其同系物，属于含氮（杂）双环芳烃，在医药、农药和其他化学领域中具有重要的应用。

香精

闭上眼睛，轻轻一嗅，袅袅缕缕的香气似乎能将我们带到绚烂锦簇的花丛间，或是微风轻拂的芳草园。很多化妆品中都添加有香精，便是为了营造这种

令人愉悦的感官享受。香精一般是多种香料组分的混合物，其中的每种香料在配方中发挥的作用各不相同，大致可分为以下四种：①主香剂，这是构成香精香型的“中流砥柱”，是形成主体香韵的基础，如茉莉香精中的乙酸苄酯、邻氨基苯甲酸甲酯、芳香醇等；②和合剂，这类香料往往和主香有相似的韵调，用以将主体香料的各种成分“调理和顺”，从而营造出协调一致的香气，如茉莉香精常使用丙酸苄酯、松油醇来作为和合剂；③修饰剂，用于给香精的风韵“锦上添花”，使整体香气更加丰盈、多调，如可以采用高级脂肪族醛类物质来突出强烈的醛香香韵；

④定香剂，由香气持久、挥发度较低的香料组成，使香精的香气“余韵绵长”，可以是单一的化合物，也可以是多种香料的混合物，如檀香油、广藿香油、安息香香树脂等是常用的植物型定香剂，在提高配方香气持久力的同时，不会过分影响香气的扩散力。

植物型定香剂： 通常指那些以植物为原料制成的香气固定剂或调香剂，通常用于香水、化妆品、空气清新剂等产品中。

- **表面活性剂**

小小一瓶化妆品，其中包含的成分可能多达几十种。不仅如此，每种成分还非常有“个性”，有的溶于水，有的溶于油，还有的不容易溶解。如何使它们相处融洽，共同发挥作用呢？这就要用到表面活性剂。表面活性剂是一类有机化合物，即使在浓度很低时也

能使目标溶液的表面张力显著下降。其分子结构具有两种不同性质的基团：一端是溶于水的极性基团，称为亲水基或疏油基，如羟基、羧基、磺基、氨基等；一端是溶于油的非极性基团，称为亲油基或疏水基，如烷基、芳基。因此，表面活性剂又常被称为两亲分子，对水、油都有亲和性，能吸附在水油界面上，降低两相间的界面张力，从而使化妆品中的多种组分能够“融洽相处”。例如，利用表面活性剂的乳化性能制取膏霜、乳液，利用其增溶性能对化妆水的香料、油分、药剂等进行增溶，利用其分散性能对口红等美容化妆品的颜料进行分散。此外，表面活性剂还有去污发泡、柔化抗静电、润湿渗透等性能，堪称化妆品生产中的“万金油”。

极性基团：指分子内正负电荷中心不重合的基团，其中极性大小可以用偶极矩来表征。

• 防腐剂

化妆品中的防腐剂似乎是一种很不讨喜的成分，然而，它又不可或缺。原因有两点：一是化妆品富含微生物生长所需的各种养分，例如水分、油脂、蛋白质、氨基酸、植物性营养成分等，简直是一个完美的细菌培养基；二是日常使用时需要将化妆品包装反复打开，这很容易将环境中的微生物带入瓶内。一旦受到微生物污染，化妆品的质量和使用功效都会受到影响，甚至会对我们的健康造成损害。因此，化妆品的防腐性是一个配方师必须考虑到的问题。常用的防腐剂有醇类防腐剂，如苯甲醇、苯氧乙醇等；尼泊金酯类防腐剂，如尼泊金甲酯、乙酯、丙酯等；甲醛释放类防腐剂，如咪唑烷基脲、重氮咪唑烷基脲等。那么，防腐剂真的如很多人口中的洪水猛兽般，会致敏、致癌、致畸吗？这其实与剂量有关。我国现行的《化妆品安全技术规范》规定有化妆品准用防腐剂和使用时的最大允许浓度，并规定了部分防腐剂的使用范围和限制条件。因此，对于严格按照规范来配置的防腐体系，其安全性是有保障的。

探微词典

尼泊金酯类：一种国际上公认的广谱性高效防腐剂，防腐机制主要是破坏微生物的细胞膜，使细胞内的蛋白质变性，并可抑制微生物细胞呼吸酶系与电子传递酶系的活性。

第二章
化学与文学

第三章
化学与健康

第四章 化学与军事

第五章
化学与材料

第一章
人文化学史

化学点兵：阅兵场上的化学解码

导语：阅兵，是对武装力量进行检阅的仪式，通常用于鼓士气、壮军威。自1949年新中国成立以来，我国已经进行了多场大阅兵。阅兵场上，三军将士精神抖擞，装甲战车列阵生辉，战鹰编队翱翔长空……看得我们每一位中华儿女都热血沸腾，激情澎湃，深切感受到我国的军事科技与实力的发展进步。在这背后，化学力量的推动作用可谓劳苦功高！这里，让我们一起解读那阅兵场上的化学密码。

● 迷彩服

大阅兵中，三军将士身着迷彩服，昂首阔步，整齐划一，接受人民检阅。迷彩服是由绿、黄、蓝、黑等颜色的斑块构成不规则保护色图案，使之能融于环境背景色而用于伪装的服装，是战士的“第二皮肤”，成为军人形象的重要标志。

迷彩服最早起源于二战时期，主要用于视觉上的伪装。如今的迷彩服，科技含量已经大幅提升。如在70周年国庆大阅兵时，三军将士着装为新型的多地形迷彩服。该服装采用的是混纺阻燃面料，具有高强、耐磨、阻燃等优点。它的迷彩图案，是由研发人员奔赴多地搜集典型作战环境下的相关波谱数据，建立各主要颜色的相关色度学指标后，基于视觉认知生理学、视错觉、心理学等原理而设计的，较以往的迷彩图案更加细碎且富有立体层次感。另外，细心的观众们发现，阅兵战士们所配装的迷彩服在不同的光照条件下会变换颜色，呈现出“变色龙”的视觉效果。这是因为在迷彩染料的配方中，还加入了光致变色高分子等特殊的化学成分。所谓的光致变色高分子材料，是指在光或其他电磁波的照射下，其化学结构会发生某些可逆性的改动，从而造成外观上发生相应色彩变化的材料。这类材料按反应性质可分为光异构化反应类、光氧化还原反应类等。加入光致变色高分子材料的迷彩服具有多色渐变、视错觉、可防红外光侦察等优点，更能够适应荒漠、林地、城市等多种地形背景

混纺：由化学纤维和棉、麻等天然纤维混合纺纱织成的纺织物，优点包括耐磨、抗皱、不易缩水等，一般用于制作外套等。

下的伪装需求。

21世纪的中国军队，正在以豪迈、自信的形象展现在世界的面前。为适应国防与军队的改革要求，更好地满足部队的战备需要，威武俊美的迷彩服也会不断地更新换代，与精忠报国的铁血男儿相伴，继续守卫和平环境下的万家灯火！

● 装备隐身衣

军人穿战袍，武器装备也有其战衣。阅兵场上，坦克、战车、飞机乃至舰船都覆有“高大上”外观的

战衣，成为武器装备先进性能的外溢。这些由特殊化学物质构成的战衣，在提升装备整体美感的同时，还能够提升装备的战场生存能力，以满足多种环境下的实际作战需求。

我国的坦克、战车等陆上装备多采用新式的数码迷彩涂装，具有伪装效果好、耐磨损、耐腐蚀等优点。从原料上，涂装材料由基料、颜料和辅助材料等构成，其中辅助材料用以提高或改善涂层的表面状态、物化性能等，甚至能赋予装备电磁屏蔽、红外线吸收等特殊性能。天空翱翔的战机涂装，则主要用于帮助战机规避雷达等电子手段的探测与锁定。在防雷达探测方面，隐形战机表面涂覆有一层能吸收或偏转电磁波的涂料，主要是在胶黏剂中掺入经特殊处理的电介质，如铁氧体、羰基铁、导电高分子等。当这些涂料遇到雷达波时，它们会通过多次扩散吸收，将这些雷达能量转换成热量等形式而消散掉，从而使战机逃离雷达波的跟踪；在反红外探测方面，隐形战机在发动机的外部涂有超高密度的碳质吸波材料，用以控制发动机运转时所散发的热量，来避开敌方的红外探测。空军有规避探测的“隐形”战机，海军也有“隐形”军舰。“隐形”战舰除要做到雷达与红外的隐身功能外，还涉及降噪减振方面的技术。这是由于舰船自身存在着诸多振源，在航行过程中容易被激发而产生较大的噪声。目前，“隐形”军舰多装配有聚氨酯

探微词典

数码迷彩：利用像素原理开发的一种新式迷彩技术，比传统的迷彩技术隐蔽性更好。

材料制备的隔振器甚至消声瓦，能够控制战舰的声频特性，从而降低被敌方声呐系统探测到的概率。

这些形式各异的“隐形战衣”，很大程度上减少了装备的声响、雷达、光电和目视等观测特征，并朝着多兵种、全方位、更隐蔽的方向发展。在未来战争中，这些来无影、去无踪的“幽灵”战衣，无疑将成为提升武器系统生存、突防，尤其是纵深打击能力的有效手段。

• 航母用钢

2019年4月23日，中国首艘航母“辽宁号”劈波斩浪，参加人民海军成立70周年阅兵活动。这座游弋在海上的“巨无霸”，威武雄美，令人震撼不已。然而要造一艘航母，可远不像造一艘油轮般简单，仅航母的基本材料——航母用钢，就有相当高的科技含量。

从冶金化学的角度来讲，航母用钢属于一类添加有适量的镍、铬、钛等元素，并结合特殊工艺而制造的合金钢。从性能需求上讲，航母用钢相对于常规用钢有其特殊性，整体来说有以下特点：高强度，我们可以用屈服强度来理解钢材在正常工作时所能承受的安全压强，普通军舰的船体采用屈服强度300兆帕的钢材即可，而航母飞行甲板的用钢竟要求近800兆帕，或者说，每平方厘米需满足承受7～8吨的冲击

屈服强度：指材料在外力作用下，开始发生塑性变形的临界点或临界应力。大于该极限作用力时，会使材料发生永久变形。

力；耐腐蚀，航母长期在海洋中服役，这就要求船体用钢具有优良的抗海水腐蚀性能；防磁，普通的钢材都具有一定的磁力，而磁力对军舰而言十分不利，因为这会被敌方探测到甚至遭受磁性水雷的攻击，所以，航母用钢一般要求能够拒磁。除此之外，航母用钢还要求有韧性好、焊接性能优良等品质。对于钢材而言，若仅需满足上述一项条件，相对简单，但如果需同时满足高强、高韧、抗侵蚀、拒磁等要求，并将这些性能综合体现在航母这种庞然大物上，其难度便会陡增。事实上，目前世界上只有美国、俄罗斯、中国等极少数国家能够生产航母用钢。

从近些年来的局部战争分析，航母在作战中发挥了关键作用。因此有理由相信，航母的发展不会停歇，航母用钢的技术也会不断更新。随着中国对维护海外利益的重视，相信在不远的将来，会有更多中国制造的航母神兽，活跃在蓝色的大洋。

- **飞机彩烟**

阅兵式上，蔚蓝天空的映衬下，轰鸣磅礴的战鹰编队飞驰而过，其尾部拖曳出壮观绚丽的彩烟，让现场与电视机前的观众大呼过瘾。这种“彩练当空舞”的场面，除了飞行员精湛的驾驶技术，还要归功于一种叫做“拉烟剂”的化学材料。

在各种拉烟剂中，最简单的当属白色烟剂，使用柴油、润滑油甚至豆油等油液原料，经过简单加工就可以制成。在飞行前，地勤人员会将拉烟剂注入飞机机腹下的专设吊舱。拉烟表演时，系统通过氮气加压将烟剂从拉烟喷嘴中鼓出，送入飞机发动机喷出的高温燃气，油液就会瞬间转变成高温过饱和的蒸气，继而在大气中遇冷凝结成雾，化身浓浓的白烟。彩烟剂，则是在选择合适的高沸点液体基础上，再添加着

色剂（染料）、黏度调节剂、染料分散剂等成分进行复配而得到的。在配方设计中，化学染料的选取十分关键。首先染料的升华温度要与飞机发动机尾喷口的温度相匹配，否则会导致烟雾的颜色偏淡；另外，染料在油液中的溶解性要好，这样才能使烟雾的着色细腻均匀；再者，拉烟表演往往有多架飞机同时进行，为保证最优的视觉效果，需要给每种颜色的彩烟剂选配出“混搭”效果最好的有机染料。彩烟剂的配方设计还需考虑最终成品的黏稠度，若成品的黏稠度过高、流动性差，就会导致拉烟过程中的喷射不畅，甚至发生管路阻塞。

事实上，彩烟剂的选配需要在成百上千种的工业原料中进行筛选，并结合大量的试验，才能获得最优配方。整个过程繁冗复杂，加之成本高、收益不明朗，所以彩烟剂的生产技术对各国而言都是秘而不宣。目前我国的彩烟剂研发，已处于世界的领先水平；随着各式新型战机的不断入列，相信祖国上空的彩练之舞会更加绚丽多姿！

• 雷达护镜

阅兵场上的飞机、导弹等都装配有雷达系统，而雷达外部则覆盖有雷达罩。如果把雷达比作洞悉战情的“火眼金睛”，那么雷达罩便是“眼睛”的防护镜。

雷达：一种利用电磁波来探测目标物的设备，也称为无线电定位。雷达可发射电磁波，当电磁波碰到目标物时会反射回来，通过反射波可以探测目标物的方位、距离和速度等信息。

雷达罩的主要功能是在确保电磁波良好通透性的前提下，防护天线免受外界恶劣环境，如雨雪、风沙等的影响。另外，飞机、导弹等高速飞行器上面的雷达罩，在设计时还需要考虑外形气动、隔热和隐身等性能。

雷达罩壳体所用的材料主体为树脂或纤维增强复合材料，结构包括树脂基体、夹层和防雷击部件等。其中，制造雷达罩的基体材料主要是改性环氧树脂，经验表明，这类材料具有良好的力学性能、介电性能等。为了提升雷达罩的隔热性能，壳体内部还设有夹层结构。目前夹层结构主要包括泡沫和蜂窝两类形式。从材料力学角度分析，泡沫属于各向同性材料，而蜂窝是各向异性结构。在复杂的受力状态下，泡沫夹层相对更能满足结构和强度要求。另外，具有闭孔结构的泡沫密封性更好，能够有效地阻止水汽进入夹层内部，减少维护检查的成本，使罩体的全寿命成本更加经济。考虑到雷达罩壳体的基体材料不导电，难以承受雷电所造成的高应力，容易将雷电引入结构内部。因此，在雷达罩表面设计有呈辐射状的金属条，一般为铝制，用于提供雷电附着点，被称作“防雷击分流条”。分流条能够使雷击电流迅速传递到雷电防护系统，释放能量，起到保护雷达系统的作用。除此之外，雷达罩外表面还喷涂有耐雨蚀涂层、抗静电涂层等，用于抵抗风沙雨雪的侵蚀、避免罩体上的静电积累等，实现对雷达罩的综合防护，提升使用寿命。

各向同性：物体在不同方向上的物理、化学等性质完全相同，不会随方向的改变而发生变化，也称为均质性。反之物体在不同方向上呈现不同的性质，这样的特性称为各向异性。

雷达罩作为现代探测装备的重要组成部分，对提高军队的系统作战能力具有重要的影响。整体上，随着战争形态的变化，雷达罩技术将向高隐身、超宽频带、高透波等方向发展，在争夺制信息权、制电磁权、制空权的较量中，继续发挥举足轻重的作用。

• 导弹固体推进剂

在国庆阅兵时，各类新型导弹的亮相历来是各界关注的焦点。国之长剑，叱咤万里，气势如虹。那到底是什么造就了各式导弹“倚天巡航”的神力？这要归功于各式各样的火箭发动机，而这些发动机的背后，则是靠燃烧自己，以自身的灰飞烟灭来换取发动机澎湃动力的火箭推进剂。

推进剂，是指一类在没有外界氧化剂供给的条件下能够持续燃烧，并在燃烧时释放大量高温气体分子或固体喷流的化学材料。一般情况下，推进剂能占到

导弹整体质量的90%以上，换句话说，那威风凛凛的导弹内部，大部分是推进剂的天下。推进剂一般分为固体与液体两种，其中采用固体推进剂的火箭发动机具有结构简单、安全可靠、维护方便的优势，成为当今导弹技术的主流。目前，常见的固体推进剂主要由氧化剂、燃烧剂与黏合剂等配料构成。其中，高氯酸铵（NH_4ClO_4）是一种常用的无机氧化剂，它在燃烧的过程中会生成氯化氢（HCl），而HCl在空气中容易发生凝结，形成大量的白雾，这也是我们在影视中经常看到的导弹升空时尾部会喷出浓烈烟雾的原因所在。燃烧剂的选取相对比较随意，理论上，任何能够提供充足C、H、N等元素的可燃性物质都可以用作燃烧剂。黏合剂则主要是各类高分子聚合物，如端羧基聚丁二烯（CTPB）、端羟基聚丁二烯（HTPB）等，用于将药柱黏合成各种形状，并防止药柱在火箭燃烧过程中因受热不均而发生剥离。

药柱：具备一定形状和尺寸的固体推进剂，置于固体火箭发动机的燃烧室内。

随着军事科技的不断发展，人们对导弹的要求越来越高。导弹除了要有很高的灵活性与准确性之外，还要具备低可观测性，以规避被拦截的风险。这促使人们研究更高性能、更少烟雾、更小火焰的固体推进剂。那将来的固体推进剂能带给我们多少惊喜呢？让我们一起拭目以待！

军用六弹：军用功能弹中的化学功夫

导语：提到战场，大家首先想到的是各式炮弹大显神威，于是乎火力全开，硝烟弥漫，弹片纷飞，带来满目疮痍。其实，不同于普通炸弹的蛮力破坏，军事上有一类功能弹药，它们或用于远距离传递指令，或能够干扰敌方雷达探测，在战场上“四两拨千斤”，凭借特定的军事功能以巧力取胜。当然这巧力的背后，便是精湛娴熟的化学功夫！

● 烟幕弹

烟幕弹又称烟雾弹，属于一种与空中爆炸相结合的烟火技术，其中，烟雾弹中的“烟”是由固体颗粒组成的，“雾”是由小液滴构成的。烟雾弹的原理就是通过化学反应在空气中快速产生大范围的化学烟幕，造成目视或红外屏蔽来掩蔽行踪，从而给己方的军队创造有利的战机。

烟雾弹主要由引信、弹壳、发烟剂和炸药管等组成，其中发烟剂是烟雾弹的核心组分，配方主要涉及六氯乙烷、金属粉、氯酸钾、粗蔗、四氯化锡等。当烟雾弹被发射到目标区域后引爆炸药炸开，将发烟剂

成分抛撒到空气中，再通过一系列化学反应快速释放烟雾的同时，还要求尽可能延长烟幕的留空时间。如装有白磷的烟雾弹引爆后，白磷迅速燃烧，反应方程式为$4P+5O_2 \xlongequal{点燃} 2P_2O_5$。$P_2O_5$会进一步形成偏磷酸和磷酸，其中偏磷酸有毒，反应方程式是：$P_2O_5+H_2O = 2HPO_3$，$2P_2O_5+6H_2O = 4H_3PO_4$。这些酸与未反应的P_2O_5悬浮在空气中，形成了“云海”。同理，$SiCl_4$和$SnCl_4$也极易水解，它们在空气中形成HCl，继而造成白雾，相对应的反应方程式为$SiCl_4+2H_2O = SiO_2+4HCl$和$SnCl_4+2H_2O = SnO_2+4HCl$。现代的烟雾弹不仅可以隐蔽物理外形，还具有屏蔽红外、激光、微波等反探测功能，来实现隐身的目的，干扰敌方侦察。

随着光电探测技术的发展，烟幕屏蔽技术也在不断地深入，干扰波段从可见光区，朝紫外、厘米宽波段扩展。面对未来复杂的电磁环境，我们有理由相信，烟幕弹将会以更为精巧的结构、低毒的配方、高效的屏蔽，运筹“烟雾”之中，决胜千里之外！

- **燃烧弹**

火，给人们带来光明与温暖的同时，也意味着毁灭。人类自古就有利用火作为武器的记录。公元208年，孙刘联盟借助“火烧赤壁”，阻断了曹操攻略中国南方的计划；公元8世纪，拜占庭帝国使用一种能够在水上或水里燃烧的液态燃烧剂——希腊火，大破阿拉伯军队。到20世纪，随着现代工业的崛起，燃烧武器变得燃烧性更强、杀伤力更大，成为一种恐怖的战争手段。

当前，世界各国使用的燃烧武器大致有三类：凝固汽油弹、白磷燃烧弹和铝热剂弹。凝固汽油弹主要组分是胶状汽油，这是一种在汽油中加入聚苯乙烯、脂肪酸铝皂等稠化剂而得到的胶状液体。相对于汽油，胶状汽油具有更强的稳定性、燃烧效率和附着性。战争中，凝固汽油弹通常采用飞机投掷的方式来使用，爆炸后形成四处溅射的高温火焰，并急速消耗附近空气中的氧气，造成区域性毁灭。白磷燃烧弹，以白磷作为主要燃烧剂。白磷有毒，其燃点为40℃，在燃烧时却能达到上千摄氏度的高温，同时产生具有

希腊火：东罗马帝国发明的一种液体燃烧剂。由于东罗马帝国皇室的高度保密，该配方已失传，据现代化学家推测，希腊火的主要成分为轻质石油、硫黄等物质。

腐蚀性的烟雾。白磷弹在击中生物体的时候，哪怕只有一个燃烧的火星，也能够以极高的温度烧到人体内部甚至烧穿骨头，并产生猛烈的腐蚀与毒性。不过，这种集“燃烧、毒性、腐蚀”于一体的白磷弹也有缺点，就是爆炸后磷火球溅落的速度慢，士兵可趁机寻找遮蔽物来规避伤害。铝热剂弹，则是一种基于铝热反应而产生高温的燃烧弹。军用配方上，一般采用铝粉、四氧化三铁、氧化铜等混合，其中四氧化三铁相对于氧化铁燃烧性能更好，而添加氧化铜能够加剧爆炸效果。铝热剂弹的使用场景与前两种燃烧弹不同，它的攻击目标多为大型装备，如武器系统、装甲设备等。

燃烧弹拥有巨大的破坏力，不过对受害人员而言，却往往意味着漫长而剧烈的痛苦。鉴于燃烧武器的残忍性，联合国早在1980年已通过《禁止和限制使用燃烧武器的议定书》，不过目前依然有很多国家将这种武器用于战争甚至面向平民使用。

铝热反应：铝粉与金属氧化物反应生成氧化铝和金属单质的一类氧化还原反应，该反应迅速且放热剧烈，温度可达3000℃以上。

• 照明弹

借助夜幕的伪装，夺取战争主动权，历来为军事指挥家所推崇。然而，想要在夜战中克敌制胜，需要首先解决夜间观察的问题，由此，照明弹应运而生。传统意义上的照明弹，是通过点燃照明剂，借助剧烈

的燃烧来产生耀眼的光芒，转暗夜为白昼，用于观察目标区域或地形的弹种。

照明弹的主要结构包括照明盒、抛射药、时间引信、吊伞系统等。当弹体经投放或发射到预定的空域时，时间引信开启点火，引燃抛射药，抛射药产生的冲力将吊装有照明盒的降落伞抛出。随后，降落伞在空气阻力的作用下张开，吊着引燃的照明盒开始以5～8米/秒的速度徐徐降落。照明盒内装照明剂，主要组分为金属可燃物、氧化剂、黏合剂等。金属可燃物一般由镁粉和铝粉制作而成。它们在燃烧时会产生耀眼的白光，同时释放大量的热：$2Mg+O_2 = 2MgO$；$4Al+3O_2 = 2Al_2O_3$。形成的高温促使氧化剂分解：$2NaNO_3 = 2NaNO_2+O_2\uparrow$；$Ba(NO_3)_2 = Ba(NO_2)_2+O_2\uparrow$。产生的氧气又加剧金属的燃烧，使照明弹的发

光更加夺目，强度可达40万～200万坎德拉（cd），能够照亮2平方公里以上的区域。另外还有黏合剂，一般由松香、虫胶或天然干性油等制成，将活性成分黏合到一起，主要作用是缓燃，就是延长照明弹的燃烧时间。近年来，随着夜视器材的发展，一类新型的隐形红外照明弹“黯然”登场。它选用高红外辐射、低可见光输出的红外照明技术，能够使己方夜战人员借助红外夜视系统进行观察，而对方却不易察觉，实现战场的“单向透明”，成为当前照明弹研究的热门领域。

如今，“制夜权”已然成为战场双方争夺的关键主动权之一。近些年的局部战争，如伊拉克战争、俄乌战争等，都是以夜间袭击的模式开启战幕。面向未来，只愿随着照明弹的升空，照亮的不再是军事强权的秀场，而是人类对和平的祈盼。

• 信号弹

信号弹，从制作原理上讲与烟花类似，都是通过烟火药燃烧而产生火焰、烟雾或声响的效应，但功能上却延伸到军事领域。不同模式的信号弹能够代表不同的信号指令，用于远距离的定位识别、联络指挥等，比如在抗美援朝时期，我军就曾以发射两枚绿色信号弹表示撤退、两枚红色信号弹代表冲锋等。信号弹由于具有保密性好、直观简便的优点，至今仍受到

探微词典

松香：松树科植物分泌的一种天然松脂，主要成分是树脂酸（$C_{19}H_{29}COOH$）。松香的黏性很好，因此常用作黏合剂。

虫胶：紫胶虫分泌的天然树脂，又称为紫胶。

干性油：在空气中容易干燥形成固体膜的油类，一般为浅黄色液体，主要成分是不饱和脂肪酸的甘油酯。

各国军队的普遍重视。

按照烟火药产生的效应，信号弹主要可分为发光型与发烟型两类。发光信号弹主要用于夜间，内部组分除金属可燃物、氧化物和黏合剂外，还含有发色剂。所谓发色剂，是能够在高温下发生“焰色反应”的金属化合物。其所含金属元素的外层电子能够在火药燃烧时吸收热能发生“跃迁”，即原处于稳定轨道的电子跃升到具有更高能级的轨道上，但跃迁后的电子并不稳定，它们会很快回到低能量状态，同时将吸收的能量以电磁波的形式释放出来。由于不同元素原子的外层电子结构有异，这使它们在跃迁时吸收的能量不同，并且具有特征属性，即不同元素原子拥有特定的电子跃迁能量，最终导致不同元素的金属原子在激发后会释放不同波长的电磁波，表现为不同颜色的光。由此，我们就可以通过配比不同金属元素而得到不同颜色的信号弹。发烟信号弹则主要应用于白天，它的原理是利用药剂燃烧所产生的热量使有机染料升华，随后染料蒸气在大气中冷凝化作彩色烟云，来起到联络或传递信息的作用。有机染料一般可选用靛蓝、玫瑰精、槐黄、靛青蓝等，另外药剂燃烧时的温度不宜过高，否则容易造成染料的分解。

从古代的兵士借助狼烟来进行报警，到现代的部队借助信号弹以传递指令，人们借助烟火与光亮来传递军情的历史已经延续了几千年。直到高度信息化的

现代社会，信号弹这种简单便捷的军情传递方式仍备受推崇，更是拓展到户外探险、灾情求救等民用领域，它的作用与地位也会进一步得到重视与加强。

- **曳光弹**

我们时常在影视资料中看到，伴随着防空警报响起，道道光芒划破夜空，流星赶月般朝着目标区域飞去。这些光芒就源于曳光弹，它能够在黑暗中显示弹丸的飞行轨迹，帮助射手判断弹道的运行走向并及时修正偏差，来更为准确地打击敌人，还能为友军指示打击目标。

与普通的军用功能弹不同，曳光弹属于带有曳光效果的实弹，具有可用于实际战斗的杀伤力。在弹链或弹带上，通常将曳光弹与其他弹药按照比例编排到一起，每隔N发用于杀伤目标的普通弹，便会有一发具有显示弹道功能的曳光弹。这样在连续射击时，便会形成醒目的光线轨迹。相对于普通弹，曳光弹的发光秘密在于尾部的曳光管。曳光管主要由金属外壳和分层压装的曳光剂构成。曳光剂的配方与照明剂、信号剂类似，涉及燃烧剂、氧化剂、黏合剂等。但三者也有区别，比如颜色上，燃烧的曳光剂以红色、绿色为主，这是由于添加有碳酸锶、硝酸钡等染焰剂的缘故；照明弹主要是炽烈的白光；而信号弹需要用于传递不同的信息，颜色更加丰富。考虑到曳光剂对火焰

的敏感度较低，为了保证引燃率，配方中还添加有引燃剂、传火剂组分。这两种添加剂还具有短暂延时的效果，就是让弹丸出膛一段距离后再开始曳光，以免暴露射手的位置。近年来，红外曳光弹开始进入研发人员的视野，与传统曳光弹相比，它相当“低调”，发射后难以用肉眼捕捉发现，而己方人员却可以通过夜视仪跟踪弹道。这样，没有夜视装备的敌人面对攻击，就会摸不着头脑了。

曳光弹，弹如其名，发射轨迹中拖曳着闪耀的光芒。我们有理由相信，面向未来，曳光弹仍会以闪耀的姿态活跃在战场上，凭借更为高效的发光材料、更为隐蔽的发射手段，在夜战中大放异彩。

传火剂： 位于曳光剂和引燃剂之间，引燃剂被点燃后，进一步引燃传火剂后，方能点燃曳光剂。

● 干扰弹

在航展飞行表演中，我们时常看到军机释放大量发光体的特技表演，其场面犹如“天女散花”，又似“凤凰浴火”，令人叹为观止。这些发光体便是红外干扰弹，在实战中它能够诱骗敌方的红外制导武器脱离真目标。因释放干扰弹的过程绚烂刺激，至今仍被作为航展飞行表演中的压轴节目。

干扰弹，顾名思义，就是通过干扰对方导弹的锁定而实现战机或舰船的自卫。由于引擎的高温效应，战机或舰船都不可避免地存在较强的红外辐射，这使

不少型号的导弹是依托红外线探测器作为末段制导的“眼睛”，并指引导弹击中目标。红外干扰弹，又名红外热诱饵弹，内含烟火剂，主要为聚四氟乙烯、硝化棉、镁粉等的混合物。红外干扰弹能够在短时间内大量投放并在空中燃烧，产生强烈的红外辐射，波段位于1～3微米与3～5微米，与发动机喷口的热源接近，诱使导弹追向红外诱饵而使真目标逃脱。除红外干扰弹外，还有一类重要的干扰弹为箔条干扰弹，是一种弹膛内装有大量箔条的弹药，主要用于防卫雷达制导的导弹。工作时，箔条干扰弹从飞机上投掷出去，炸开的弹体会抛洒出大量的箔条，并呈云状散布开来。当对方雷达电磁波照射在金属箔条上时，会在

硝化棉：一种呈白色或浅黄色棉絮状的高分子化合物，化学式为$(C_6H_7N_3O_{11})_n$，是纤维素与硝酸发生酯化反应的产物，又称为硝化纤维素。

金属表面产生电流，电流二次辐射，形成大量的散射信号，于是“乱花渐欲迷人眼”，从而遮掩战机反射的雷达波。早期的箔条都是以锌、锡、铝等金属做成，长度为被干扰雷达波长的一半或者整倍数，如今材料多为镀铝玻璃纤维或者镀铝涤纶纤维等，质量更轻，能够在空中维持更长的时间。近年来，为规避复合制导武器的锁定攻击，能够同时进行红外与射频干扰的干扰弹也已经运用于实战。

干扰弹，因应对导弹攻击时忠勇而酷炫的表现，目前已成为现代战机或舰船上必备的软反导手段。事实上，随着导弹之“矛”精准化程度的不断加深，作为防护之“盾”的干扰弹也在不断推陈出新，相信在未来战场上，干扰弹将继续凭借卓越的反导技能，为战机与舰船们保驾护航！

雷公之怒：火炸药中的化学神力

导语：火炸药，性烈如雷，一旦引爆，瞬间地动山摇，破坏力极大，是当今战场的“雷公之怒”。从科学意义上讲，火炸药的爆炸力，源于含能物质的爆炸性基团；它能够在激发后，与相邻的氧化基团发生剧烈的化学反应并输出能量。这种能量如果被封闭在较小的空间，它就会冲破“牢笼”，最终导致爆炸，并形成巨大的破坏力。这里，带大家一起去探寻那爆炸背后的化学力量！

• 硝化甘油

硝化甘油，是一种黄色的油状物，因为能有效缓解心绞痛，而被不少人奉作“救心神药”。殊不知，它同时是一种“性格暴躁”的炸药，纯品硝化甘油能够因普通的震动或者光照而被引爆。硝化甘油最早由意大利科学家索布雷罗发明，并由瑞典化学家诺贝尔在炸药领域将其发扬光大。当时，诺贝尔经历千百次的实验，伴随着多次爆炸事故，其间多人死伤，最终发明“温热法”的生产工艺，实现了硝化甘油的批量生产；随后，为解决安全储运的问题，诺贝尔经过反复试验，发现硝化甘油被硅藻土吸附后会变得稳定，但仍具有相当的爆炸威力。就这样，“达纳炸药”问世，开启了现代炸药的新纪元。

硅藻土：由古代的硅藻遗骸所形成的一种硅质岩土，微观上有丰富的孔结构，具有较强的吸水性和渗透性。

- **炸药之王：梯恩梯**

梯恩梯的化学成分为三硝基甲苯（TNT），纯品为白色或淡黄色的针状晶体，最早于1863年由德国化学家威尔伯兰德发明，是一种综合性能良好的炸药。它威力强大，“脾气”却相对稳定，即使被子弹击穿一般也不会起爆，便于储存与运输。二战期间，梯恩梯被广泛用于制造军火，号称“炸药之王”。它甚至还当起能量释放的“代言人”：如今有关爆炸和能量释放的报道，比如地震、核爆炸、行星撞击等，经常用“公斤TNT炸药”或“吨TNT炸药”为单位来衡量所释放的能量。比如一枚小型原子弹爆炸所释放的能量相当于1000吨TNT爆炸的能量；2008年中国汶川地震为里氏8.0级，其释放的能量超过1500万吨的TNT当量。

● 黑索金

黑索金，化学名为环三亚甲基三硝胺，英语代号RDX；虽然名带“黑”字，其实黑索金纯品却是一种白色晶体。它属于高性能炸药家族中的一员，爆炸威力是TNT的1.5倍，爆速是TNT的2倍！黑索金天生神力，一块香皂大小的药柱，就足以摧毁一栋大楼或一艘军舰！所到之处仿佛强旋风吹过，因此又被称为“旋风炸药”。黑索金虽然威力巨大，但它很不稳定，遇震动、撞击、摩擦就能引起燃烧爆炸，使得它难以单独普及使用。目前，各国多采用钝化处理或混

> **爆速：** 爆炸火焰或其化学反应在药柱内的传递速度，是衡量炸药爆炸性能的重要指标之一。

合装药的方法来将黑索金应用于军事领域。值得一提的是，核弹的核裂变乃至聚变反应都需要高能引发，但普通炸药爆速和能量都难以达到核弹的起爆要求，因此，在现代核弹中一般都填装有黑索金等高能炸药，用作核武器的“扳机”。

核裂变：一个原子核分裂成两个或多个原子的反应，是原子弹和核电的能量来源。与之相反的是核聚变，核聚变是轻的原子核发生聚合生成更重原子核的反应，其中氢弹的爆炸是一种不受控制的核聚变反应。

• 奥克托今

奥克托今（HMX），化学名环四亚甲基四硝胺，分子式$C_4H_8N_8O_8$，分子骨架具有八元环的硝胺结构。奥克托今与“旋风炸药”黑索金属于“哥俩好”般的存在，这不仅是因为它们同属于氮杂环硝胺类高能炸药，外观相近，都是白色颗粒状的晶体，还有就

是奥克托今最早是在1941年，从乙酸酐法制黑索金反应中的副产物中发现并分离出来的。相对于性格暴烈的“大哥”，奥克托今在具有巨大爆发力的同时，性格更为沉稳，被认为是目前军事领域综合性能最好的单质炸药之一。阻碍其大杀四方的因素在于其昂贵的价格，奥克托今的制备成本要高出TNT十几倍，因此目前主要用于导弹战斗部、固体火箭推进剂与核武器的起爆装药等军用贵族场合。

- **C4炸药**

在军事题材的游戏里面，C4炸药那可是鼎鼎有名的存在。无论是加入《反恐精英》，还是受到《使命

召唤》，不知有多少热血少年因这个“药包”在虚拟世界你死我活。C4炸药，全称为C4塑胶炸药，原产于捷克，是一种由高能炸药、黏结剂及增塑剂组成的复合炸药；它的稳定性高，一般只能用雷管引爆，这在很大程度上保证了其在储运中的安全性。C4的外观像蒸馒头用的生面团，可以揉捏成各种所需的形状。如果在外面附上黏性材料C4就可以像口香糖般贴附在隐秘的部位，因此又有“凶残口香糖”之称。另外，该炸药能轻易躲过X光安检，甚至普通的警犬也难以识别。由于它高度的迷惑性与危险性，C4炸药历来被世界各国严格管控，一般仅供军队使用。

雷管：一种起爆材料，用于引爆炸药。

• CL-20

目前关于高能炸药的研发，设计思路大都是将更多的硝基引入分子骨架，而骨架往往采用具有张力的环结构，以便在分子结构解体时释放出更大的能量。六硝基六氮杂异伍兹烷，俗称CL-20，便是一种具有立体笼结构的多环硝胺。1987年，美国首次合成出CL-20，当时被国际火炸药界誉为“炸药合成史上的重大突破”；而我国是世界上第三个自主合成该炸药的国家。CL-20是目前世界上能够实际使用的威力最强的非核炸药，属于第四代高能炸药。在火箭固体推进剂中，采用CL-20能够使火箭助推力增加将近

20%；装填CL-20炸药的炮弹，相比TNT装药的传统炮弹，杀伤范围能提升40%以上……鉴于CL-20能够大幅提升多种兵器的性能，且感度适中、热稳定性较好，尽管面临造价高昂等问题，它仍被各军事强国列为高能炸药领域的竞争焦点。

- **全氮炸药**

一般而言，氮含量是衡量炸药性能的重要指标，氮含量越高，所制备炸药的威力往往越大。假如将炸药做成"全氮"结构，那威力可想而知。全氮炸药的优点还在于，这种炸药爆炸后仅产生氮气，不会污染环境，清洁环保。因此，全氮含能材料的研究，成为新型炸药的重要发展方向。不过直到现在，这种全氮炸药整体上仍停留在实验室阶段，这是因为多氮物质通常只有在其他元素如氧、碳等存在并提供稳定作用时，才能保持“氮”定，因此如何合成能够稳定存在的全氮化合物，一直难以取得突破性进展。值得一提的是，我国已有科学家制备出室温下稳定的全氮五唑系列含能材料，据称该系列炸药的能量密度达到TNT三倍以上，标志着我国在高能炸药的研发上已经位于世界前列。

含能材料：一类含有爆炸性基团或含有氧化剂和可燃物、能独立进行化学反应并输出能量的化合物或混合物，是炸药、火箭推进剂配方的重要组分。

金属氢

众所周知，“氢”是一种高能的燃料，通常条件下为气体。不过，假如我们对“氢”施加巨大的压力，据计算大约需要500GPa的压力，分子氢的化学键会被打开，最终形成由氢原子为单位而组成的晶体氢，即具有金属性质的“金属氢”。金属氢蕴含巨大的能量，比TNT高几十倍，是目前人类所知最强大的化学爆炸物。曾经有哈佛大学的研究团队宣称借助金刚石对顶砧制得金属氢，不过由于受到广泛质疑而未被承认。相信随着相关理论研究的深入，金属氢的制造成功，或许仅是时间问题。需要强调的是，依靠金属氢所制造的炸弹属于化学爆炸物，并不是传统意义的氢弹。氢弹，是利用氢的同位素（氘、氚）核聚变反应所释放的能量而设计制造的，属于核武器。

金刚石对顶砧： 一种静态超高压装置，由两颗金刚石的尖端相互挤压产生超高压。

化学武器：来自地狱的战场魅影

导语：化学武器，指的是通过火箭炮、地雷等兵器途径，来施放有毒的化学物质，以实现敌人大量伤亡的一类武器。化学武器杀伤后果严重，持续破坏时间长，同时对受伤人员的身心影响巨大，后遗症往往伴随终生。更为可怕的是，化学武器一旦被大规模地使用或泄漏，对全人类来说都是难以想象的灾难。这个浮动的战场魅影，多次被国际条约所禁用，更时刻警醒着人们：在社会发展的进程中，要加强对科学的道德约束，让科技发展带给大家的是美好的生活与希望，而不是恐怖的梦魇与诅咒。

• 氯气

氯气（Cl_2），是一种具有强氧化性的黄绿色气体；在日常生活中，常用于自来水消毒与生产漂白粉。1774年，瑞典化学家舍勒把软锰矿与盐酸混合加热，最早发现了氯气，它闻起来令人感到窒息。这是由于氯气吸入人体后，会与呼吸道黏膜中的水分发生反应而生成次氯酸与盐酸，造成黏膜的浮肿与坏死，严重时导致死亡。一战期间，德国为扭转战局而首次将氯气投入战场。为掩人耳目，当时德军将大量的氯瓶伪装成“啤酒桶”，预先埋设在阵地上。在风向有利时，士兵开启阀门，只见黄绿色的气浪贴地而行，涌向英法联军阵地。猝不及防的英法士兵开始剧烈咳嗽，泪流不止，甚至窒息倒地。就这样，跟在烟雾后面的德军轻松占领阵地。这是化学武器在人类历史上的第一次规模性登场，给英法联军造成巨大伤亡：至少1.5万人中毒，5000多人死亡。

软锰矿：主要成分为二氧化锰，质地非常软；一般呈灰色至黑色，具有金属光泽。

• 沙林

沙林，又名沙林毒剂，学名甲氟膦酸异丙酯，是一种略带水果香味的透明液体，易于挥发。1938年，德国法本公司在研发新型杀虫剂的过程中发现了这种物质，并在4名研究者的姓氏中取5个字母命名它为“Sarin”，即沙林。沙林能够通过皮肤、眼睛或者呼吸道侵入人体，并扰乱神经传导。它的毒性极高，60

千克的成年人仅需吸入0.6毫克即可致命，1千克的沙林足以杀死100万人，被称为“穷国的原子弹”。1995年3月，“奥姆真理教”的几名教徒带着装有沙林的塑料袋登上东京地铁，并用磨尖的伞尖捅破。顿时，泄漏的沙林在地铁中弥散，在移动的车厢地狱中，共计12人死亡，数千人受伤或致残。这场毒气事件给日本民众带来巨大的心理阴影，直到现在，日本的地铁站仍鲜见垃圾桶，以防范恐怖分子用来藏匿武器。

奥姆真理教：一个被联合国认定为恐怖组织的日本宗教团体，该组织鼓吹世界末日论，2000年宣告破产。

- **芥子气**

芥子气，学名二氯二乙硫醚，是一种无色可挥发

的油状物，因气味与芥末相近而得名。芥子气最早由比利时化学家德斯普雷兹于1822年发现，它是一种典型的糜烂性毒剂，沾染后能够损伤组织细胞，对皮肤、黏膜等产生刺激糜烂效应，且伤口不易愈合，严重时诱发全身中毒而导致死亡。另外，关于芥子气中毒至今尚无特效救治药物，仅能采取对症治疗措施。不过就是这种令人厌恶的毒剂，偏偏得到战争贩子的喜好，使它成为目前人类战史上生产与使用量最大的一种化学武器，被冠名“毒剂之王”。有资料显示，日军在侵华时期曾使用芥子气近2000次，后日军战败，为隐藏罪证，便将大量的毒剂就地倾倒或掩埋处理。直到现在，在我国各地仍会不时发现这种装有致命毒剂的铁罐，印证着中华大地那段惨痛的历史。

● VX毒剂

VX毒剂是一种无色无味的油状液体，最早于1952年被英国化学家所发现；化学式$C_{11}H_{26}NO_2PS$，中文学名*S*-（Z-二异丙氨基）-甲基硫代磷酸酯乙酯，这大概是中文名称最长的一种有机磷毒剂，同时也是目前最致命的神经性化学武器之一。在通常情况下，人体的神经信号需要一种名叫“乙酰胆碱”的物质进行传输，任务结束后需要再将其分解掉。VX毒剂能够让负责分解它的乙酰胆碱酶失灵，导致乙酰胆碱在

乙酰胆碱：一种有机碱，分子式为$CH_3COOCH_2CH_2N^+(CH_3)_3$。乙酰胆碱是一种重要的神经递质，广泛存在于神经组织中，用于传递神经冲动。

体内过度堆积，形成生理机能紊乱，最终造成死亡。2017年2月，某朝鲜籍男子在马来西亚机场候机时，突然走来两名女子，并用湿布捂在他脸上，然后快速离开。随后，该男子在紧急送医的途中去世。马来西亚警方公布的尸检报告显示，在死者的眼黏膜和脸部样品中检出VX毒剂。

- **橙剂**

橙剂，是一种美军在越战中使用的强效落叶剂，因采用橙色条纹标记的铁桶装运而得名。橙剂的主要成分是2，4，5-三氯苯氧乙酸和2，4-二氯苯氧乙酸，还含有少量的2，3，7，8-四氯二苯并二噁英（TCDD）。

前两种物质属于植物生长调节剂，可用于植物增产；但过量使用时会收到适得其反的效果，造成植物快速枯萎、死亡。TCDD则是一种剧毒物质，还具有明显的致畸与致癌等作用，能够对环境造成持久污染。越战期间，越南军民利用热带丛林的掩护开展游击战，给美军带来重创。于是，美军开始利用飞机喷洒大量的橙剂，促使丛林大面积落叶甚至枯死，让敌对目标失去保护屏障。尽管美军为谋求胜利而使出浑身解数，但最终还是在越战中不堪消耗，失败撤军。不过几十年过去，遗存的橙剂仍在严重损害着当地人的健康。

探微词典

植物生长调节剂：对植物的生长、发育具有调节作用的一类人工合成有机物，与植物激素具有类似的作用。

• CS

CS，化学名邻氯苯亚甲基丙二腈，纯品是一种片状

并具有辛辣气味的白色结晶。该化合物于1928年由美国人科森（R. B. Corson）和斯托顿（R. W. Staughton）采用缩合反应首次合成，并用他们姓氏的首字母C和S组合成CS作为其代号。它是一种典型的刺激性毒剂，能够与人体眼睛内及皮肤表面的水分起反应，使眼睛肿涩、涕泪横流，严重时引起呕吐、皮肤溃疡等症状，从而暂时失去战斗力，但一般不会造成永久性伤害。由于作用迅速强烈，CS被广泛应用于催泪弹装药。考虑到它的挥发性低，催泪弹还装填有铝粉（或镁粉）、硝酸钠、硝酸钡等，引爆后铝粉（或镁粉）在空气中迅速燃烧，放出的热量促使硝酸盐分解产生氧气，继而进一步加强铝粉（或镁粉）的燃烧，形成的高温导致CS分散挥发而形成毒烟；佩戴防毒面具能够有效防护其伤害。

缩合反应：指两个或多个有机分子之间发生反应生成共价键，而将有机分子化合的一类化学反应。该反应常伴随着水、醇、氯化氢等小分子物质的生成。

• 毕兹

毕兹，化学式$C_{21}H_{23}NO_3$，学名二苯羟乙酸-3-喹咛环酯，是一种白色的固体粉末，于20世纪50年代由美国化学家L.H.斯顿最早成功合成。正常条件下的人体神经信号传导，需要乙酰胆碱与胆碱受体的结合。毕兹拥有类似乙酰胆碱的立体结构和官能团，这使其分子能与胆碱受体形成牢固的复合物，继而阻断乙酰胆碱和受体的“碰面”，导致人的中枢神经或躯体功

能混乱而失去战斗能力，但在一般情况下不会造成死亡或引起持久性伤害，另外毕兹也能够随着新陈代谢在几天内排出体外。据说当时L.H.斯顿发明毕兹的设想为，促使敌军丧失行为能力后攻占阵地，并优待无力抵抗的俘虏。事实却是冰冷残酷的，越战时期的美军在面对中毒的越南官兵，往往采用刺刀残忍杀死。

- **辣椒素**

辣椒素，化学式$C_{18}H_{27}NO_3$，化学名称为反式-8-甲基-*N*-香草基-6-壬烯酰胺，无色无臭，易溶于脂质、难溶于水，是辣椒辣味的主要来源。辣椒素之所以

“辣”，并不是人们味蕾感受到的味觉，而是它能够与细胞上的辣椒素受体（TRPV1）结合，TRPV1受到刺激后，会传递信号给大脑“好辣，好热，好痛！”因此，“辣”更多的是一种烧灼的痛觉。另外，人们通常用史高维尔（SHU）来评价物质的辣度，日常的小尖椒辣度大约有1万SHU，著名的印度魔鬼辣椒大约有100万SHU，而纯净的辣椒素晶体辣度高达1600万SHU。在军事上，辣椒素通常用于制作催泪瓦斯，辣度约500万SHU；人受到攻击后，往往会涕泪皆流，甚至引发呕吐、昏厥等症状。在民用领域，辣椒素也用来制作防狼喷雾，辣度一般在100万～200万SHU之间，在紧急情况下可以防止暴力侵害。

探微词典

史高维尔：一个衡量辣椒属物质辣味的单位，1912年由美国化学家史高维尔制定。

第五章
化学与材料

志比天高：航空航天材料中的化学梦想

导语：扶摇直上九万里，天地之间任逍遥。翱翔天际、畅游宇宙是人类永恒的梦想。从万户借助火箭飞天到莱特兄弟发明飞机，从苏联航天员加加林进入太空到中国空间站“天宫”投入运行，各式航空航天器的高速发展见证着人类梦想的逐步实现。功能强大的航空航天材料，是支撑人类空天梦的重要基础，与此同时，化学又在给性能优异的各项材料提供着强有力的技术保障。

铝合金

加加林：尤里·阿列克谢耶维奇·加加林，苏联航天员，于1961年4月12日乘坐“东方一号”飞船进入地球轨道，是第一位进入太空的地球人。

天宫：又称天宫空间站，简称“天宫”，是我国从2021年开启建设的模块化空间站系统。空间站由“天和”核心舱、“问天”实验舱、“梦天”实验舱、载人飞船和货运飞船五个模块组成，可支持航天员长期在轨生活与工作。

纯铝，光洁柔软，像位秀气孱弱的书生。虽然它自身强度有限，但如果找到合适的小伙伴，与铜、锌、镁等元素组团儿，配合变形加工或热处理强化等方式，就能化身为铝合金这种“硬汉”级别的存在，不仅变得强韧，还具有耐腐蚀、抗高低温等优良性能，被广泛应用于航天航空器的框架、蒙皮、接头等结构材料。

能够和铝强强联手的小伙伴很多。其中以铜为主要添加元素，辅以镁、硅等元素形成的铝合金被称为硬铝。利用固溶强化和沉淀强化，添加的铜能提升铝合金的室温强度和耐热性；低密度的镁不仅能提升合金的强度与耐蚀性，还能对合金进行有效减重；硅能够利用过剩相强化增加合金的铸造性能。硬铝具有良好的强度稳定性和工艺加工性，因此常在航天器的蒙皮材料、框架、贮箱箱体、机翼等结构件中大显身手。以锌为主要添加元素、镁铜等元素为辅的铝合金构成另一个重量级产品——超硬铝，溶解度大的锌固溶强化效果明显，能显著提升合金的强度、韧性和抗腐蚀能力。超硬铝主要用于制造航空航天器中的承重结构件，如飞机大梁、接头、起落架等高强度受压件，波音757/767、空客A301等民用大飞机的上翼结构、载人飞行器的骨架等均有超硬铝的身影。将最轻的金属——锂，添加到铝中就形成了超轻型的铝锂合金结构材料。铝锂合金具有密度低、强度高、

变形加工： 材料在外力作用下发生变形，形成具有一定几何形状和尺寸的制品的加工工艺。

固溶强化： 在金属中加入溶解度大的溶质元素形成固溶体，使金属晶格畸变，位错运动阻力增加，滑移难以进行，从而使金属强化的方式。

沉淀强化： 也被称为时效硬化，指常温时沉淀物固体颗粒从金属母相中析出，分布于基体中阻碍位错运动，使晶格内变位活动停止而产生的强化作用。

过剩相强化： 当添加的合金元素量超出其极限溶解度时，未溶解的部分成为第二相，也称为过剩相。一定数量的过剩相均匀分布时能起到强化作用。

模量大的优势，中国天宫系列的资源舱就大量采用这种轻质高强材料，另外在国产C 919大型客机机体结构中，铝锂合金用量达到8.8%。

铝合金，用作航空航天中的“硬汉”材料已有百年历史。时至今日，不断升级的铝合金依然在成本与性能方面保持着独特的优势，当前军用战机的铝化率为40%左右，民用客机、火箭的铝化率一般在70%以上。面向未来，集质轻、高强、高韧、抗腐蚀能力于一身的新生代铝合金历久弥新，在奔赴星辰、逐梦九天的征程中仍将发挥轻质金属的典型优势。

• 超高强度钢

在碳素钢中添加合金元素，结合高洁净度冶炼、等温淬火等处理工艺，就能获得高强高韧、耐磨耐腐蚀的优质合金钢。在合金钢的家族中，有一位身强力壮的“大力金刚”——超高强度钢，作为高性能承重材料，对空天技术的发展具有重要的推进作用。但“超高强”的标准可不一般，只有屈服强度大于1380MPa、抗拉强度大于1400MPa的合金钢才能被冠以此名号。

根据合金化程度及显微结构的不同，超高强度钢通常分为低合金、中合金和高合金三类。低合金超高强度钢中合金元素总量小于5%。添加的合金元素能够提高钢的淬透性，并让钢结构的微观颗粒更为细

探微词典

模量：材料在受力状态下应力与应变之比，有弹性模量、压缩模量、剪切模量、截面模量等。最常用的是弹性模量，是指材料在弹性变形阶段正应力与正应变的比值。

等温淬火：将金属加热到一定温度，等保温一段时间再快速冷却的一种热处理工艺。该工艺可消除材料内部应力，减少组织缺陷，提高材料的强度和韧性。

淬透性：钢在淬火条件下得到马氏体组织或淬透层深度的能力。

化。低合金超高强度钢的焊接性能优良，具有良好的抗冲击性能，但脆性转化温度较低，主要用于室温下工作的受力构件，如飞机大梁、起落架、发动机轴、固体火箭发动机壳体等。中合金超高强度钢的合金元素总量为5%～10%，其强度主要来自于马氏体相变以及在550℃以上回火产生的二次硬化。这类钢在中温仍有较高的强度，一般用于制造飞机机体部件等。合金元素含量大于10%的高合金超高强度钢，其强度源于回火二次硬化、固溶强化、金属间化合物强化等，能在较高塑性和韧性的基础上达到高强度的要求。如A100钢属于Co-Ni超高强度钢，与其他同类型钢材相比，具有抗拉伸、抗疲劳、耐腐蚀、抗开裂能力等的

脆性转化温度： 钢材随温度的变化内部结构发生改变，韧性和脆性过渡时的温度。

马氏体： 一种具有高强度与高硬度的淬火组织，是碳在α-Fe中形成的过饱和固溶体，其晶体结构为体心四方结构。

最佳组合，用来制造复杂工作环境下的关键零件，如火箭发动机壳体、飞机起落架、飞机用高强度齿轮、发动机喷管等。

早在20世纪40年代中期，合金钢就担负起承重结构材料的重任。随着航天事业的快速发展，特别是随着载人航天与深空探测事业的突飞猛进，有效载荷逐渐增多，对材料的结构质量效率和强韧性等指标提出更高要求。坚韧不拔、肩负使命的超高强度钢将不负厚望，在浩瀚宇宙的征途中，发展潜力永无止境。

● 钛合金

有着“未来金属”称号的金属钛，像一位翩翩公子，银灰色的酷帅外表下蕴藏着高比强度、耐高低温、耐腐蚀的贵族气质。以钛为基体，通过添加合金元素和强化热处理等方式得到的钛合金，性质得到进一步提升，能承受更加复杂严苛的服役条件，主要用于航空航天器的发动机部件以及重要承力构件等。

纯钛有两种同素异形体，分别是低于882.5℃呈密排六方结构的α相与高于882.5℃呈体心立方结构的β相。利用钛的结构特点，添加适量的合金元素，调整相组成，再根据两相的排列方式和体积分数等，人们发展出不同的钛合金种类。通常钛合金分为三类：α钛合金、β钛合金和α+β钛合金。铝是α钛合金的主要合金化元素，用于扩展α相区的温度范围；间隙元素氧、氮既能扩大α相的温度范围，又对钛合金具有强化效果；锡、锆等元素虽然对合金相变温度影响不大，但有显著强化效果。α钛合金热强度高、可焊性强，机械强度适中，但室温强度并不是很高，主要用于制造抗蚀性高和可焊性好的工件，如航空航天器的风扇、压缩机叶片、密封件等。β钛合金是在钛基中添加β相稳定元素如钼、钒、钨、硅等，这些元素的固溶强化和沉淀硬化作用，使β钛合金成为强度最高的可热处理强化的钛合金，但其热稳定性较差，因此主要用于室温工作环境下的结构件，如机身、机翼、起落架等高承载部件。α+β钛合金兼有支持α和β

探微词典

比强度：材料的强度与表观密度的比值，也被称为强度重量比，其数值越高表明具有相同强度的材料质量越轻。

密排六方结构：简称HCP结构，微观结构由六棱柱晶胞堆积构成，原子位于六棱柱晶胞的结点和晶胞中部，中部的三个原子在底面上的投影位于三个不相邻的三角形的中心。

体心立方结构：简称BCC结构，微观结构由八个原子处于立方体晶胞的顶角，还有一个原子位于立方体的中心。

间隙元素：填充基体金属原子间隙位置的元素，通常是原子半径较小的元素。

相的成分，具有高比强、抗腐蚀、高抗蠕变性等优良综合性能，还兼有良好的热加工与可焊接性能，可在400～500℃下长期工作，不仅可以用于制造飞行器机身，还用于制造发动机风扇、机身结构的紧固件等，成为目前应用最广、产量最高的钛合金。此外，若α+β钛合金中β相稳定元素量很少，呈现以α相为主，兼有少量室温下稳定的β相，此时合金既具有α钛合金良好的热强性和可焊接性，又有α+β钛合金良好的工艺塑性，特别适合于制造各种飞行器的焊接零部件。

钛合金，自从诞生之日起，就与航空航天工业有着不解之缘，到如今其产用量已成为衡量国家空天产业水平的重要指标。随着钛冶炼与合金技术的不断进步，翩翩钛公子会继续推动空天材料朝着质量更高、功能更强的方向发展，还会逐渐“飞入寻常百姓家”，让人们分享到空天材料带来的科技红利。

蠕变：也称潜变，是在应力作用下，材料的形变随时间推移而逐渐增大的现象。

• 先进树脂基复合材料

复合材料是由两种及以上材料复合形成的物质，其中的连续性材料为基体，起包裹、支撑和保护的作用；分布在基体中的增强相用来提升材料性能。复合材料中的有机物基体主要是合成树脂，这是一类经化学合成或改性得到的高分子聚合物，如酚醛树脂、

酚醛树脂：无色或黄褐色聚合物，通常由苯酚或其同系物（如甲酚、二甲酚等）与甲醛缩聚形成，广泛用于生产各种模制品。

环氧树脂等。合成树脂质轻、耐腐蚀、易加工，但在强度、寿命等方面不尽如人意。如果在树脂内部添加高强纤维作为“筋骨”，其性能便如同打通任督二脉，比强度、比刚度、抗疲劳性、可设计性等均大幅提升，应用于航空航天工业中，能有效提升空天飞行器的技术和经济性能。

树脂材料的纤维增强相主要有三种：玻璃纤维、碳纤维与芳纶纤维。玻璃纤维是以石英砂等原料经熔制、拉丝、冷却等工序制成的极细纤维状玻璃材料，直径可达微米级别。增强玻璃纤维制备的复合材料俗称玻璃钢，具有玻璃般光泽的同时，硬度却能接近甚至超过钢铁，而密度却只有普通碳钢的1/4～1/5，这种轻质高强的秉性主要来源于树脂基体的低密度以及纤维筋骨的高抗拉强度。玻璃钢还具有抗蚀、抗老化、抗冲击力、耐热以及低成本等优点，在20世纪40年代起就应用于军用雷达罩、飞机油箱等。碳纤维是一种含碳量在90%以上的高强度高模量纤维材料，碳原子间的强共价键赋予其高强度的特性，碳纤维增强树脂复合材料的强度和弹性模量接近超高强度钢，但密度比玻璃钢还低，是目前比强度最高的复合材料之一，在飞行器的外层材料、机架、天线构架中都能见到其身影。芳纶纤维是芳香族聚酰胺纤维的简称，是由芳香基团和酰胺基团组成的线性聚合物。芳纶纤维树脂基复合材料的刚度介于玻璃纤维和碳纤维之间，

探微词典

环氧树脂：泛指分子中含有两个或两个以上环氧基团的高分子聚合物，常可用作涂料、胶黏剂、增强塑料等。

比刚度：材料的弹性模量与密度的比值，也称刚度系数，其数值越大，代表材料在相同质量下刚度更大。

在航空航天中主要用于运载火箭发动机壳体和宇宙飞船的驾驶舱以及各类压力容器等。

经过几十年的蓬勃发展，树脂基复合材料在空天飞行器中的应用已由次承力结构向主承力结构拓展，从小部件到大部件，从简单部件到复杂部件，目前几乎遍布飞行器的各结构环节。在技术推动和需求牵引的双重作用下，先进树脂基复合材料仍具有持续发展的潜力，而多功能甚至智能化的设计、绿色环保的生产工艺等将是该类材料的研发重点。

• 碳/碳复合材料

“好风凭借力，送我上青云”，轻量化是航空航天业追求的永恒目标。其中以碳或石墨纤维为增强材料、以碳为基体的碳/碳复合材料，将纤维碳优异的力学性能、基体碳的高熔点与低密度完美结合，在惰性气氛中能够承受极端高温和迅猛的加热速率，被认为是当今最理想的耐高温轻质材料。

高性能的碳/碳复合材料，多选用黏胶基碳纤维、聚丙烯腈基碳纤维等作为基础原料，按照产品的形状与性能要求形成碳纤维预制体，再通过致密化、石墨化以及抗氧化处理等工序而制成。致密化处理是将碳纤维和碳基结合的成型工艺，是制备碳/碳复合材料的关键环节：通常是利用化学气相渗透或液相浸渍工艺，将经过气相沉积或高分子热解产生的高质量固体碳，填充在碳纤维周围的空隙中，从而形成复合材料。石墨化处理是通过高温将热力学非稳态碳转变成稳态石墨结晶的过程。在2000℃以上处理能使碳层尺寸增加，层间距减少，晶格致密化。另外，石墨化处理还能增加材料的热稳定性和纯度。碳/碳复合材料的主要缺点是抗氧化性能低，在450℃左右会被空气中的氧气氧化，为提高使用范围，必须进行抗氧化处理：低温下可采用基体改性和表面活性位钝化等方式；为实现更高、更宽温度范围的热防护，还可以采用涂层将复合材料与氧气隔离。如工作温度1800℃以上的碳/碳复合材料，表面就覆有由硼化物与碳化硅组成的复合涂层。通过以上工序处理后的碳/碳复合材料，优异的力学性能高温不打折，在航天飞机结构部件和火箭发动机喷管、航空发动机、飞机刹车盘等热端部件中大显神威。

碳纤维曾作为白炽灯丝点亮过暗暗黑夜，受益于航空航天事业，碳纤维再次照亮宇宙的深邃。自阿波

黏胶基碳纤维： 由黏胶纤维经预氧化、碳化而制备的碳纤维。其中黏胶纤维通常以天然纤维为原料，先制成高黏度的纤维素黄酸钠溶液，再析出加工而制得。

化学气相渗透： 一种利用甲烷、丙烯等气体在预制体内部高温热分解，将气体碳沉积于预制体多孔介质内部的工艺过程，可使材料致密化。

液相浸渍： 一种将浸渍物置入液态的浸渍液中，通过加压使浸渍剂渗透到浸渍物的内部孔隙或晶体结构中的工艺。

罗登月计划首次使用碳/碳复合材料以来，这种轻质材料性能的提升对航空航天器的升级换代起着关键的支撑作用。鉴于碳/碳复合材料在极端热环境下的卓越表现，世界多国在研发新一代空天发动机的进程中，都将碳/碳复合材料作为关键材料竞相发展，成为国际上的“黑色争夺战”。

● 陶瓷基复合材料

陶瓷，是人类使用历史最悠久的材料之一。陶瓷具有高硬度、低密度、抗氧化等优点，只是它有颗易碎的“陶瓷心”，不小心磕磕碰碰就会“嘎嘣儿”碎了。这使它在工业中难以大显身手。如果将其作为基体，引入合适的搭档材料进行增强增韧，形成硬中带韧的陶瓷基复合材料，就会破茧成蝶，成为能在严苛的空天环境下使用的热端高温材料。

基体：复合材料中占主导地位的连续相，赋予复合材料一定的形状，并传递载荷，同时还能保护增强相并将增强体黏结成整体。

陶瓷之所以“脆”是因为内部存在裂纹，且裂纹比较集中，外力作用下容易形变断裂。若能提高材料断裂所需的能量，减缓裂纹的产生，则能大幅度增韧。陶瓷基复合材料中通常根据增强相的长径比，分为颗粒、晶须和纤维三种增韧机制。常用的增韧颗粒涉及碳化硅（SiC）、氮化硅（Si_3N_4）、二氧化锆（ZrO_2）等，如分散在陶瓷基体内的ZrO_2颗粒受外力作用时发生相变，这种变化能够消耗裂纹扩展的能

量，并产生挤向裂纹的反作用力，从而阻碍裂纹的进一步扩展；相变还伴随着体积的膨胀，生成使主裂纹偏转的微裂纹，从而提高复合陶瓷的韧性和强度。晶须是直径为1微米左右、长为30～100微米的陶瓷小单晶，常见的有Al_2O_3、Si_3N_4等。晶须的存在能使裂纹产生时偏离原来的扩展路径，还能像“桥梁”一样牵拉裂纹面的两端，阻碍或减缓裂纹的扩展；当晶须受

力脱离基体时，还能松弛裂纹尖端的应力，从而起到增韧效果。常用的增韧纤维种类有碳纤维、玻璃纤维和硼纤维等，高强度的纤维既能分担基体承担的大部分外力，通过桥联作用阻碍裂纹的拓展，还能在局部纤维拔出时发生断裂，吸收掉裂纹扩展的能量，增韧效果明显。在实际中，陶瓷基复合材料中往往并存多种增韧机制，不同机制间的相互协同，在克服陶瓷易脆缺点的同时，还保留了陶瓷高硬高强、耐高温、耐磨耐腐蚀、低密度等优点，因此成为机翼前缘、雷达天线罩、发动机燃烧室、涡轮盘等热端部件的新兴候选材料。

陶瓷，凝聚着匠心智慧的古老传统材料，凭借着现代复合技术，在如今的尖端科技中焕发出勃勃生机。凭借“耐高温、低密度”的特殊属性，陶瓷复合材料更是被各国列为航空航天热结构材料的发展重点。面向星辰，我们有理由相信，淬炼的尘泥，将在太空中绽放出更美的陶瓷之花！

涡轮盘：航空发动机上用于安装和固定涡轮叶片，传递功率的转子部件，是发动机运转的核心转动件和关键件。涡轮盘在工作时受力状态复杂，还需承受高温、高压、高转速等复杂载荷，其技术水平直接决定了发动机的性能。

青鸟传音：信息材料中的化学智慧

导语： 我们生活在一个崭新的信息时代，购物、吃饭、办公、开会，基本都能靠“按键”来完成，正所谓“按键在手，天下我有”！其实，信息科技的快速发展，不仅让我们的生活更加便捷，还带动着传统产业的更新换代，让生产制造更加高效、精确与智能化。信息材料是信息科技的基础，每一项信息科技的诞生都有赖于新材料的出现与发展。化学作为新材料开发的智慧源泉，正赋予信息材料更为新颖强大的功能，引领社会信息化发展的新征程。

信息材料： 具有信息探测、传输、存储、显示和处理等功能的材料，属于功能材料。

● 信息传感材料

从古至今，人们凭借上天恩赐的感官，去倾听美妙的天籁，去观看壮丽的自然胜景……传感器的出现，更是大大地延伸了人们的感知能力，甚至让人类拥有“千里眼”、“顺风耳”，助力万物互联。信息传感材料则是传感器的核心，属于一种能够将环境中的物理量、化学量等信息转化为电信号的特殊材料。

信息传感材料种类繁多，力敏传感材料、热敏传感材料、光敏传感材料等是其具有代表性的类型。力敏传感材料是一种基于压电效应、形状记忆效应等物理原理，来感知外力作用的材料。这些材料在外力作用下会发生形变或电荷分布变化，从而产生电信号输出。常见的力敏传感材料主要包括压电材料、形状记忆合金等，其中铜镍合金（康铜）、镍铬系合金和铁铬铝合金是最常用的三种合金材料。力敏传感材料具有高灵敏度、快速响应等特点，广泛应用于机器人、汽车、智能家居等领域。热敏传感材料是指具有温度敏感性的材料，主要包括热电体、热敏电阻材料等。热电体是由两种不同材料的导体或半导体A和B串接成一个闭合回路，A和B的接触点称为结点，当两个结点温度不同时，高温段的电子（空穴）会由高温区往低温区移动，在回路中转化成电流信号。热敏

探微词典

压电材料： 受到压力作用时会在两端面间出现电压的晶体材料。

形状记忆合金： 通过热弹性与马氏体相变及其逆变而具有形状记忆效应的合金材料。形状记忆合金加热到一定温度，还可以恢复原状。

电阻材料是利用材料的电阻值随温度变化而变化的原理进行测温。其中，在钛酸钡（$BaTiO_3$）中掺入微量的铌、钽、铋等氧化物所形成的半导体材料是典型的热敏电阻材料。热敏传感材料具有高精度、快速响应等特点，目前已经广泛应用于温度传感、电源电路保护等领域。光敏传感材料是指在光照下会因各种效应产生载流子的材料，可分为光敏电阻材料、光电材料等。这些材料在受到外界光照变化时，会发生电阻值或电流变化，从而产生电信号输出。硫化镉（CdS）、硒化镉（CdSe）和硫化铅（PbS）等半导体化合物是最常用的光敏电阻材料。光敏传感材料具有高灵敏度、快速响应等特点，目前已经在光电传感器、光电控制系统等领域大显身手。

随着工业自动化的不断推进，以及物联网时代的到来，各式各样的传感材料不断被开发出来，以前很多无法感知的信息，也被一一捕集，转化为服务人类的数据。微型化、集成化、智能化已经发展为信息传感材料的主要方向。随着材料科学的前进，传感材料正在化身为无处不在的神经元，衔接起世界的每一个角落，给人类描绘出“未来已来”的盛景！

• 光纤

如今的人们已经习惯在互联网中畅游。点击语音通话，可以听到千里传音；打开短视频App，就能实现举目世界。把你、我和全球其他人连在一起的，是光纤。光纤全称光导纤维，是一种由玻璃或塑料制成的纤维。作为一种光学信息传导材料，光纤构成了电话和高速互联网等现代通信网络运行的基石，像“神经网络”一样连接起整个地球村。

光纤的通信传输离不开光的全反射，当光线从折射率大的光密介质向折射率小的光疏介质照射时，若入射角大于临界角时折射光线消失，入射光线会全部反射回原光密介质，而不进入光疏介质，这就是光的全反射。关于从全反射理论到光纤通信的实践应用，离不开英籍华人科学家高锟的开创性工作。高锟从理论上证明了玻璃纤维能够长距离传递信息，开启了光

光密介质、光疏介质： 折射率较大（光在其中传播速率较小）的介质叫光密介质，而折射率较小（光在其中传播速率较大）的介质叫做光疏介质。光疏和光密是相对而言的。

纤通信新纪元，并于2009年获得诺贝尔物理学奖，被尊称为“光纤通信之父”。光纤具有多层同轴圆柱体的典型结构，主要由纤芯、包层、涂覆层组成。纤芯位于光纤的中心部位，折射率较高，用来传送光。其成分为高纯度的二氧化硅，并含有极少量的掺杂剂如二氧化锗（GeO_2）来提高其折射率。包层位于纤芯的周围，能够为光的传输提供反射面和光隔离，并起一定的机械保护作用。包层可分为石英包层和塑料包层两类：石英包层的成分也是高纯度二氧化硅，不过掺杂有极少量硼或氟来降低其折射率；塑料包层材料则是多选用低折射率的有机光学玻璃，如含氟丙烯酸树脂等。由于纤芯折射率高于包层折射率，当光射入光纤时入射角度超过临界角，会在纤芯和包层间发生全发射，从而实现光介导的信息传递。涂覆层是光纤的最外层，由丙烯酸酯、硅橡胶和尼龙组成，可保护光纤不受水汽等的侵蚀和机械擦伤。

光纤，如今已经融入我们生活的方方面面，它所带来的光网时代，不仅仅是大家高速上网的通信体验，更为重要的是在建立在光纤网络上的各种信息应用，比如基于光纤通信的远程医疗与地质监测已经走入现实。目前，人们正在探索是否可以使用卤化物玻璃纤维以及重金属氧化物等作为原材料来制作光纤，实现光纤更高的传输速度与通信容量，继续引领地球村的生活“光速”向前。

• 信息存储材料

时光之箭飞逝向前，而我们可以通过记忆将过往的事物留存心间。一般认为，人类是通过将信息存储在海马体与大脑的有关皮层而实现记忆的。同样，在万花筒般的网络世界，也需要信息存储材料来记录存储信息。信息存储材料，一般是借助光、电、磁或热等外场作用，将外界信号转化为材料微观状态的突变，继而通过测量突变前后材料的物理性质实现信息的存储。

根据外场作用不同，信息存储材料可大致分为磁存储材料、光存储材料、半导体存储材料等。磁存储材料，是指利用磁特性和磁效应输入、记录、存储和输出声音、图像、数字等信息的磁性材料。在日常生活中最常用的是磁带和磁盘，其中磁带是利用真空镀膜技术将磁性材料蒸镀在支持体表面而制成，磁盘是用溅射方法在铝合金底片上形成钴铬系合金膜而打造。在记录信息时，记录磁头将载有信息的电流转变为磁场，并作用于磁性材料的某一区域，当磁场消失后，这一区域仍有剩余磁化强度，且磁化强度与初始磁化强度有关，以此来存储不同的信息。光存储材料，主要是指在激光照射下，激光与材料发生相互作用，导致介质性质发生变化来实现信息存储的一类材料。相变型光存储材料是其中最重要的一种，主要为碲基或

真空镀膜：在高真空的条件下加热金属或非金属材料，使其蒸发并凝结于镀件（金属、半导体或绝缘体）表面而形成薄膜的一种方法。

非碲基的半导体合金。它们的熔点较低，当材料受光照射后，微观晶格与光子能量发生相互作用而振动加剧，温度升高，会实现晶态和非晶态间的快速可逆转变，导致对光有不同的折射率和透射率从而实现存储。常见的半导体存储材料有硅、锗、砷化镓等，它们通过构建成超大规模的电路集合——半导体存储器来实现信息存储。在信息存储时，人们通过控制某个半导体元件的微观电荷，将其变为绝缘体或导体，从而把信息转化成一串串的二进制数字来写入数据；在信息读取时，则通过检测元件中的微观电荷分布来获

取数据。半导体存储具有快速读写（闪存）、操作电压低、耐久性强等优点，成为如今移动电话、笔记本电脑等多种电子设备的主流存储技术。

随着信息科技的快速发展，信息存储材料“百花齐放”，磁存储、光存储以及半导体存储技术在不断演进，另外还出现许多新型的信息存储材料，如分子存储材料、纳米存储材料、DNA存储材料等。毫无疑问，下一代存储器市场的竞争一定会十分激烈，未来存储技术将会走向何方，新型存储介质能否崛起？让我们拭目以待。

• 信息显示材料

生活在如今的信息时代，无论是手机、电视还是电脑，都离不开显示。人们更是能够通过那小小的显示屏，去见识大千世界。近百年来，显示屏经历了从黑白到彩色、从平面到曲面等阶段，不断刷新人们的视觉体验。作为显示屏的基础，显示材料至关重要。信息显示材料是一种特殊的材料，能够将电信号、光信号等信息转化为可视化图像输出。

信息显示材料发展至今，产品琳琅满目。电致发光材料、光致发光材料和液晶材料是信息显示材料的三种典型类型。电致发光材料是一种能够通过电场激发产生发光现象的材料，可分为有机电致发光材料、无机电致发光材料等。这些材料在受到电场激发时，电子吸收能量由基态跃迁至激发态，再由激发态回到基态的过程中，会以光子的形式释放能量，从而实现发光效果。电致发光材料具有高亮度、高对比度等特点，在仪器监控、广告传媒等领域大放光彩。光致发光材料是一种能够通过光子激发产生发光现象的材料，主要包括荧光材料、磷光材料两类。这些材料在受到光辐射时吸收能量，同样会发生激发态电子的跃迁、复合过程，产生光子发射而发光。光致发光材料亮度高、色彩饱满，在装饰探测、光学防伪等领域独领风骚。液晶显示材料是一种借助液晶的电光效应把电信号转换成字符、图像等可见信号的材料，通常由具有杆状刚性结构的长链高分子构成。在正常

液晶：某些物质在熔融或溶解后，不仅拥有液体的易流动性，且保留着部分晶态物质分子的各向异性有序排列，形成一种兼有晶体和液体的部分性质的中间态流体。

情况下，液晶分子排列井然有序，显得透明清澈，在外加电场的作用下，液晶分子的排列方式发生改变，从而影响光的传播路径和强度，导致颜色深浅的差异，最终实现图像显示。液晶材料具有低功耗、轻便和环保的优点，已然成为当今平板显示技术中的主流材料。

如今，显示材料仍在不断发展更新，如高性能有机发光材料、柔性玻璃基板等高新材料的出现，为我们打开观看世界的新大门，让大家领略到更加惊艳的视觉体验，逐光而行，还原世界，人们对于色彩和光亮的探索将永不止步！

• 信息处理材料

在这个“乱花渐欲迷人眼”的信息时代，怎能缺得了强大的“神经中枢”去处理繁杂琐碎的信息，这就需要信息处理器件的闪亮登场。信息处理器件，是指能够实现电、光、声等形式的模拟信号与数字信号间相互转换，并进行运算处理的器件，如晶体管、集成电路等。信息处理材料则是用于构建信息处理器件的材料，更是构成电子设备“大脑”的物质基础。

信息处理材料一般采用半导体材料，它的导电性能介于导体与绝缘体之间，并且导电性可控，从而能良好地完成模拟信号与数字信号的相互转换。半导体

材料主要可分为常温型和高温型两类。常温半导体材料中最常见的当数硅半导体，硅半导体来源广泛、价格便宜、性能优越，其中利用硅材料打造的硅片被誉为当今世界半导体行业的基石，占行业成本的30%以上。在硅片的制作工艺上，是将多晶硅熔解后，与籽晶接触拉出单晶硅晶棒，再把硅晶棒切割成薄薄的圆形薄片。随后，这些圆形的硅片历经掩模光刻、离子注入、电化学沉积、精密抛光等工序，便可“化茧成蝶”成为芯片。其中离子注入是制造芯片的关键工序之一，它是在硅片不同的位置注入不同的离子形成掺杂元素，如磷、锑、硼、镓等，并在硅的晶格结构中取代硅原子的位置。由于这些杂原子和硅的价键数

籽晶：具有和所需晶体相同晶向的小晶体，是生长单晶的种子，也叫晶种。

不同，能够产生载流子，其中硼原子因外层仅有三个电子，会形成空穴；磷、砷、锑原子外层有五个电子，能够形成自由电子。在外加电场作用下，相邻的自由电子移动至空穴，从而控制电子的单向流动，完成0或1数字信号与电信号之间的转换，来实现信息处理。值得一提的是，所制出的芯片表面虽然看起来非常平滑，但在显微镜下可以观察到极其复杂的电路网络，形如信息世界的城市迷宫。除了硅常温半导体材料外，还有其他常温半导体材料，如镓砷化物（GaAs）等。GaAs是一种由镓和砷组成的半导体材料，电子在其中的运动速度比Si中快6～7倍，这使GaAs晶体管开关速度要比硅晶体管快1～4倍，主要在微波通信、军事电子技术和卫星数据传输领域大展身手。常温半导体的工作温度一般不能超过200℃，无法适应冶金、航空航天等领域的高温环境，这使高温半导体材料应运而生。高温半导体材料具有良好的高温稳定性和传导性能，主要包括氮化硅、碳化硅、氮化铝等，适用于高温等苛刻条件下的“烧脑”场合。

随着科技的发展，信息处理材料的种类和性能也在不断提高和完善，出现了硅微电子材料、纳米电子材料、量子器件材料等，能够使电子设备的“大脑”更聪明、更灵活，用更小的体积，来处理信息愈加庞杂的指令。正可谓：“小芯片，大使命，使世界大不同！”

载流子：可以自由移动的带有电荷的物质微粒，包括电子、离子、自由空穴等。

● 激光材料

纵横在信息材料的世界，有一类材料虽不会直接产生信息的存储、处理、传递和显示等功能，但这些功能往往需要其参与才能更好地实现，这种材料便是激光材料。激光号称“光中的战斗光”，具有方向性好、亮度高、单色性好和相干性好的特点，使其在信息材料的世界里纵横捭阖。激光材料则是能把电、光、射线等激发能量转换成激光的材料，即激光器的工作物质。

激光材料主要分为气体、液体与固体激光材料三类。其中，固体激光材料是当前工业激光器件中的材料主流。常用的固体激光器材料可分为半导体激光材料、高效固体激光材料和可调谐固体激光材料等。半导体激光材料是利用半导体化合物P-N结的特殊结构，通过施加电压激励，在P-N结中大量处于粒子数反转状态的电子与空穴发生复合，电子受激发射，产生激光。目前的半导体激光材料一般为砷化镓、磷化铟等化合物的半导体晶体，所制备的半导体激光器具有相对较小的尺寸和功耗，是目前光纤通信系统的主要光源。高效固体激光材料主要是掺杂晶体和掺杂玻璃等，最常见的有红宝石（掺铬）、钕玻璃（掺钕）和钇铝石榴石（掺钕）等。这些材料在外界的刺激下，铬或钕元素的电子能级发生跃迁，从而发射出激光。

P-N结：使用掺杂工艺在硅片上形成的N型和P型半导体交界面附近的区域形成P-N结。N型半导体一般为掺入少量杂质磷元素（或锑元素）的硅晶体，含电子浓度较高。P型半导体一般为掺入少量杂质硼元素（或铟元素）的硅晶体，含有较高浓度的“空穴”。

粒子数反转：原子系统单位时间内从辐射场所吸收的光子数一般总是多于受激发射产生的光子数。但如果采用适当的激励，破坏热平衡状态，能够使受激辐射光子数多于被吸收的光子数，即实现粒子数反转，从而对光子数起到放大作用。粒子数反转是实现激光运转的必要条件之一。

高效固体激光器具有功率高、波长稳定等特点，主要在信息材料加工、信息存储等领域大显身手。可调谐固体激光材料是指具有可调谐波长功能的固体激光材料。不同激光发射波段的所用材料不同，而材料的发射激光波长可以通过调整材料中掺杂元素的浓度等因素来实现，其中近红外波段多选用Cr^{3+}、V^{2+}掺杂固体材料，红外波段多选用Ni^{3+}、Cr^{2+}掺杂固体材料，紫外波段多选用Ce^{3+}掺杂固体材料……采用可调谐固体激光材料构建的固体激光器具有波长可调、输出稳定等特点，主要在信息传感领域大展神通。

材料是激光技术的心脏，每一代激光材料的搏动，都催生着新一代激光器件的诞生，继而引申出激光技术的变革。由于激光在信息领域的巨大应用潜力，人们将继续探索更为优异的激光材料，尤其是高功率介质与短波材料成为当前激光材料的前沿。相信在新材料的激励下，未来的信息之光将更加璀璨夺目！

"化"其所能：能源材料中的化学引擎

导语：随着世界人口的不断增加以及经济的发展，人们对能源的需求也在与日俱增。目前，全球的能源供应主要依托煤、石油、天然气等化石燃料。化石燃料储量有限，并且燃烧过程产生的二氧化碳等容易引发一系列的环境和气候问题。于是，人们开始着眼于开发太阳能、风能等可再生、低污染的新能源，这可是关系到人类后代命运的一件大事！而能源材料，则是面向各种新能源及节能技术需求的新材料体系。它厚积薄发，"化"其所能，努力为人类塑造出清洁美好的未来世界。

光伏材料

阳光恩泽着世间万物，同时为地球提供着源源不断的能量。光伏材料则是一种具有光电转换特性，能够将太阳光能转化为电能的材料。当阳光照射在光伏材料的界面层被吸收，辐射的光子能够将材料中的电子从共价键中激发出来，形成电子-空穴对。随后通过界面层的电荷分离，就能够形成可对外输送电流的电压。目前，常用的光伏材料主要有硅、铜铟镓硒

（CIGS）、钙钛矿等。硅是目前使用最为广泛的光伏材料，其中单晶硅材料的性能最优，转换效率最高可达24%，但制造成本较高；多晶硅的性能次于单晶硅，但制造成本更低。CIGS一般指主要由铜、铟、镓、硒等元素构成的薄膜材料，优点在于稳定性好、适应性强，但制备工艺复杂。另外，钙钛矿是近年来备受关注的新型光伏材料，光电效率高，制备过程相对简单，但仍面临着稳定性与寿命等方面的挑战，人们正尝试用晶格改造、表面处理等方法，推进钙钛矿光伏的产业化。

单晶硅：一种单质硅的形态。当晶核生长成晶面取向相同的晶粒时，形成的是单晶硅；反之若晶核生长成晶面取向不同的晶粒，则形成多晶硅。

- **高温熔盐材料**

太阳能光热发电是一种将阳光中的热量转化为电

能的技术，其中高温熔盐是光热发电不可或缺的介质材料，一般包括氯化钾、氯化钠、氯化钙等。高温熔盐通常在400℃以上的高温下可熔融，负责光热系统中热量的存储与传递。太阳能光热发电系统中，通过聚光器将阳光集中到高温熔盐上，促使熔盐开启“吸星大法”，吸收热量转换为液态，随后流经热交换器，将热能传递给水蒸气并驱动涡轮机发电。在光热电站的实际运行中，我们还可以充分发挥熔盐的蓄热优势，通过调整熔盐的流速、压力等，促使发电站的平稳工作。近年来，高温熔盐技术不断发展，已经开始拓展到余热回收、生活供暖等领域。同时，一些稳定性更好、效率更高的新熔盐材料，例如氯化锂钾、氯化镁钾等多元熔盐被开发出来，以适应不同的工作

环境。随着技术的不断发展，相信高温熔盐技术将会在未来的能源转型中发挥更重要的作用。

• 风电叶片材料

从起伏山地到辽阔草原，再到苍茫大海，一座座挺拔的风力发电机凌空矗立，收集风能转化为强劲的电力。风力发电机标志性的结构便是它那巨大的叶片。大型叶片的结构主要包括两个部分：主梁与外壳。其中主梁相当于叶片的脊梁骨，承担了叶片70%以上的载荷。随着叶片尺寸的不断刷新，人们多选用轻质高强的碳纤维来制作主梁，用以减轻叶片重量，提

升发电效率。外壳采用的主要材料是玻璃纤维增强环氧树脂，俗称玻璃钢。其中环氧树脂分子结构中含有活泼的环氧官能团，能与多种类型的固化剂发生交联聚合，而转化为热固性的高分子材料。不过纯粹的环氧树脂高聚物太脆，这就需要内部穿插的玻璃纤维来作为“筋骨”，提高树脂材料的韧性。就这样，由复合材料加持的叶片集轻盈、坚韧与耐蚀于一身，随风起舞间，为人类的能源结构转型承担起历史的使命。

热固性：经一次成型后，加热不能再软化或熔化而重新成型的交联聚合物。常见的热固性材料有环氧树脂、酚醛树脂、聚氨酯等。

二氧化铀陶瓷芯材

提起核电站，可能很多人首先想到的是那令人恐惧的核辐射与核事故。尽管存在诸多非议，可事实上，核能是一种相当环保且未来潜力巨大的能源类型。如果说锅炉需要烧煤来产生能量，那核电站也要靠“烧”燃料，目前使用最广泛的核燃料便是二氧化铀陶瓷材料。将铀矿开采出来后，经过纯化和浓缩，当铀浓度被提高到4%左右就可以达到民用核燃料级别。随后，以铀浓缩厂生产的六氟化铀为原料，通过化工转化得到二氧化铀粉末，再将粉末烧结便可得到二氧化铀陶瓷芯材。加工后的铀瓷芯块为直径1厘米、高度1厘米的圆柱体。随后，将几百个芯块叠在一起装入锆合金套管内，就形成一根能进入反应堆进行“燃烧”的核燃料棒。值得一提的是，芯块的大部

铀矿：指依靠现有技术经济条件，能从其中提取铀的矿物原料，如方铀矿、沥青铀矿等。

分微孔不与外面相通，这使它在核裂变启动后，能够锁住所产生的绝大多数放射性物质。当然，核燃料首要的需求是更加安全，人们正在采用涂层包覆、构型改良的方式制备更为安全的核燃料。

• 锆合金

如果说铀块燃料是法力高强而又性格顽劣的“孙大圣”，那锆合金便是封印核燃料戾气的“紧箍咒”。烧制出来的二氧化铀陶瓷芯块，被装入长度4米左右、厚度约1毫米的细长锆合金套管内形成核燃

料棒。大量的燃料棒排列起来就构成核燃料组件。另外，燃料组件的格架、端塞等结构也都是选用锆合金制成。反应堆开启核裂变后，“孙大圣”开始爆发出强大的能量，却依然被严密地封闭在“紧箍咒”套管中。另外，锆合金具有非常低的中子吸收截面，能够最大限度保证中子参与核裂变反应，减少对核反应的干扰。锆合金的这种独门绝技，也使它暂时还没有其他材料能够替代。放眼未来，开发更安全的“紧箍咒”材料以保证核电安全，尤其是在极端事故下的安全，成为核电技术的重要发展方向之一。有研究表明，碳化硅相比锆合金具有更强的耐腐蚀性与耐热性，或许将来能够成为封印核燃料的更强材料。

中子吸收截面：用于描述物质中原子核对中子的吸收效果，反映中子与物质相互作用的强弱程度。

• 固体浮力材料

随着陆上能源的日渐吃紧，海洋开发的热潮逐步兴起，海上光伏、海上风电、波浪能等新能源开始进入人们的视野。只是这些新能源装置大多依靠“水上漂”的功夫来进行作业，这就需要浮力材料来提供足够的浮力并保证装置的平衡。传统的浮力材料包括木材、泡沫塑料等，不过它们强度低、耐腐蚀性弱，难以满足海洋环境下的长期需求。于是，人们开发出以高强度树脂为基体，以气体空穴、空心微球等为浮力

探微词典

调节介质的固体浮力材料。这类材料密度低、强度高、耐腐蚀，并且便于加工，能够通过锯、车、刨等手段制成任意形状，满足实际使用要求。这些优势使固体浮力材料一经问世，便成为人类海洋开发的利器之一。根据浮力调节介质的不同，固体浮力材料大致可分为三类：化学发泡浮力材料、空心微珠浮力材料和复合轻质浮力材料。其中化学发泡浮力材料是利用化学发泡技术制备的复合材料，主要应用于浅水领域；纯复合泡沫浮力材料是在树脂中混杂空心玻璃微球，固化得到的浮力材料，强度最高，适用于全海深环境；合成复合泡沫浮力材料是由前两项技术组合改性而成，强度介于前两者之间，目前主要用在小于4000米的深海域。

固体浮力材料： 由轻质无机材料填充到高分子聚合物材料中，所得到的低密度、高机械强度的固体材料。

• 锂电正极材料

锂电池轻便耐用，续航能力强，是当前新能源汽车的动力电池“扛把子”。锂电池的主要结构包括正负极材料、电解质、隔膜等。充电时，正极材料析出的锂离子经过电解质流动到负极，并与电子结合形成锂原子，沉积到负极表面；放电时，锂离子反向穿梭回到正极。就这样，通过锂离子在正负极两端的“摇摆”，实现电池的充放电。正极材料是锂电池的核心部分，同时在电池总成本中占比最高。目前新能源汽车中使用最广的正极材料主要有三元锂、磷酸铁锂材料两种技术路线。三元锂材料是指添加有Ni、Co、Mn或Ni、Co、Al三种元素组成的正极材料，微观具

有层状结构，能够提供大量的锂离子输运通道。这种结构的主要优势在于能量密度大，充放电效率高，但成本较高，因此主要供应中高端车型使用。磷酸铁锂（$LiFePO_4$）材料呈橄榄石结构，锂离子扩散速率较慢。该技术的主要优点是基本不含有害元素，成本低廉，安全性高，如比亚迪电动汽车的刀片电池采用的便是磷酸铁锂正极材料。

橄榄石结构：一种六方最密堆积结构。

- **隔膜材料**

锂电池隔膜是位于锂电池正负极之间的一层多孔薄膜，占动力电池组总成本的7%左右，却是锂电池材料中技术壁垒最高的环节。它的主要功能是隔离正负极，促使两者“老死不相往来”，防止造成短路，同时它的纳米微孔要保证锂离子的自由穿梭，使锂电池能正常充放电。目前，商业化锂电池隔膜主要有聚乙烯隔膜、聚丙烯隔膜以及两者的复合多层微孔膜等，生产工艺大致分干法和湿法两种。干法，是指将高分子聚合物和添加剂等混合制成熔融物，再加工成硬弹性的聚合膜，随后经拉伸形成狭缝状的微孔结构，最后热定型得到产品；干法工艺简单成熟，成本较低，产品主要适用于储能、消费电池等领域。湿法，是将高沸点小分子（白油）作为造孔剂添加到聚烯烃中，加热熔融，挤出铸片，经拉伸后用二氯甲烷

白油：石油经提炼加工后得到的一种无色油状液体，一般包含烷烃、环烷烃、芳香烃等多种化合物。

等有机溶剂将造孔剂萃取出来，再通过热定型等工序得到隔膜产品。湿法隔膜的厚度更薄，孔隙率高且微孔均匀，缺点在于工艺更为复杂，生产成本高，适合于制造中高端电池。

道法自然：仿生材料中的化学灵感

导语：“道法自然”出自《道德经》，一般指世间万物遵循着自然的固有法则来运行，同时也鼓励人们要以自然造化为师。经过数百万年的演化，留存至今的生物体大都已进化出一套近乎完善的环境适应系统，并给科学家们注入源源不断的创新灵感，由此诞生出“仿生学”。仿生材料学属于仿生学的重要分支，是一类受生物启发或者模仿生物特性而设计开发的材料。如今，仿生材料学蓬勃发展，也推动着建筑、能源和生命等相关的科学领域飞速前进。

● 荷叶与超疏水材料

荷叶，“出淤泥而不染”，具有自行清理表面灰尘与污垢的本领。是因为荷叶表面具有大量微米甚至纳米级的多重乳突结构，并被疏水性的蜡状物质所包裹。这种结构能够让滴落在荷叶上的水滴与叶面间形成薄薄的空气膜，并由于自身张力而缩聚成球，最终使水滴在叶面上处于点状接触的“半悬空”状态，能够在叶片上随意滚动，并在滚落时带走灰尘。科学上把这种自清洁的现象称为“荷叶效应”，并在此基础上开发出超疏水材料。如今，荷叶仿生技术已经渗透到纺织、建筑、医疗等多个行业，如将其应用于织物，制成“三防”面料衣物，能够更便于打理；应用于高层建筑的幕墙玻璃，可以在雨水冲刷下迅速带走尘埃，有效保持幕墙的高“颜值”……尽管荷叶仿生技术已经有初步的工业化应用，但材料的机械稳定性与持久性还需要优化，以推动超疏水表面技术进入广泛的实际应用。

超疏水：疏水性又称憎水性，是指分子与水相互排斥的物理性质。非极性分子在水中溶解度很小，通常会聚集成团，或者水在疏水性表面会形成很大的接触角而成水滴状，都是疏水性的表现。超疏水，是指球状水滴在材料表面的接触角大于150°而滚动角小于10°。

• 萤火虫与人工冷光

静谧的夏日夜晚，在草地或田间，时常可看到萤火虫提着“灯笼”飞来飞去。那么，萤火虫是怎么发光的呢？研究发现，奥秘源于位于腹部的发光器，它由发光层、透明层和反射层三部分组成。发光层内拥有几千个发光细胞，它们内部都含有荧光素和荧光

探微
词典

酶。在荧光酶的催化作用下，荧光素与细胞内三磷酸腺苷（ATP）及氧气等经过一连串复杂的生化反应，从而发出荧光。所以萤火虫的发光，实质上是把化学能转变成光能的过程，而其间释放的能量，几乎全都是光的形式，只有少部分能量转为热能。因此，萤火虫发出的是“冷光”，且其制造冷光的效率高达95%以上，人类到目前为止还没办法制造出如此高效的光源。早在20世纪40年代，人们根据对萤火虫的研究，创造出日光灯，使人类的照明光源发生很大变化。近年来，科学家通过分离或合成荧光素和荧光酶，并将其与ATP和水等混合制成生物光源。由于这种光本身无热，更不会产生电火花，因此被誉为“安全之光”，可用作油库、矿井等易燃易爆场所的照明。

冷光：指发出的光不产生热，或者带有极少量的热。传统的白炽灯，除能发射可见光外，也辐射大量的红外线而产生热量，因此是典型的热光源，发光效率较低。

● 蜘蛛丝与仿蛛丝超强韧纤维

天然蜘蛛丝是由蜘蛛丝腺体分泌的一种生物弹性体纤维，主要由甘氨酸、丙氨酸、丝氨酸以及其他氨基酸单体组成的蛋白质分子链构成。蜘蛛丝的强度是同等粗细钢丝的5倍，弹性是芳纶纤维的10倍，是人类已知的性能最优良的纤维材料。研究发现，蜘蛛丝在微观上并不像我们肉眼所见的那般直滑，更像一根不规律的“弹簧”，存在不少螺旋与蜷曲，这种缓冲结构便是蛛丝高弹性背后的秘密。另外，“弹簧”内还嵌有大量棒状的蛋白质微晶，彼此间像锁链一样扣

紧，从而使得蛛丝同时具有高强度。尽管蜘蛛丝“天生神力”，但由于蜘蛛不适合密集养殖等原因，蜘蛛丝无法像蚕丝一样实现商业化生产。随着现代生物工程的发展，人们开始尝试使用基因工程等开发人造蜘蛛丝，如我国的嘉兴丝绸有限公司将黑寡妇蜘蛛的基因导入家蚕体内，再由家蚕吐出强韧的仿生丝，能够用于织造高强渔网、车轮外胎等。另外，仿生蛛丝可降解、生物相容性好，还可以制成人工关节、韧带、人造肌腱等，给人们带来更好的医疗体验。

基因工程：指在基因水平上采用工程设计的策略，制造出符合人类需要的具有某种新性状的生物新品系，并使之能稳定地遗传给后代。

• 变色龙与仿生变色材料

变色龙，能根据环境变化或自身情绪而迅速改变皮肤的颜色。人们在惊叹变色龙鬼斧神工般变色能力的同时，也在不断探索其中的奥秘。研究发现，变色龙的皮肤表层存在黄色素细胞、红细胞及载黑色素体细胞等多种色素细胞，其中含有的不同色素对光的选择性吸收和反射不同，因而显现出不同的颜色，这种呈色方式被称为化学色。同时，在皮肤红细胞内还存在周期性堆叠的嘌呤纳米晶体（光子晶体），能够与外界光发生干涉、衍射等相互作用而形成结构色。当变色龙受到周围环境或自身情绪影响时，可以通过调节皮肤的收紧和放松状态来调整嘌呤晶体的空间、取向排布，以反射不同颜色的可见光。结合皮肤细胞中

化学色：一般指物质分子由于发生电子跃迁，吸收或反射特定波长的光而显示出的颜色。

结构色：又称物理色，是指物体表面或表层的嵴、纹或鳞片等细微结构使光波发生漫反射、折射、干涉等现象而产生各种颜色。如蝴蝶翅膀的颜色、肥皂水吹成的泡泡在日光下的虹彩等，都是典型的结构色。

的色素，变色龙就能实现体表颜色的神奇蜕变。受变色龙的伪装技能启发，人们尝试将结构色引入纺织品，创造出颜色可调并且具有优良耐洗涤性能的碳纤维织物；在室内墙面涂装“光子晶体”，可以调制表面反射或散射的光，让人获得更舒适的视觉享受……不过整体上看，人工变色技术距离落地仍面临着诸多挑战，但相信在不久的将来，人类的变色梦想终将照进现实。

● 北极熊毛与多孔隔热材料

北极熊生活在北极的严寒世界，除了依靠皮下那

厚实的脂肪，还要靠罩在身上的稠密“白毛”来维持体温。严格来讲，北极熊毛并不是白色，而是中空透明的角蛋白毛管结构。毛管内部凹凸不平，光线透过时发生复杂的折射、反射，最终呈现出与冰雪环境相融合的保护色。在保温方面，这种中空结构能够锁住大量静止的空气，而空气的导热性低，这样在降低热导率的同时，还能减少空气热对流引起的热损失。不仅如此，北极熊毛还能够反射红外线。北极熊是恒温动物，每时每刻也都在发生热辐射。但它的这层毛皮却能如“金钟罩”般，把身体热辐射充分地反射回去。这个效果有多厉害呢？这么说吧，北极熊能够在红外相机的追踪下“热隐身”。北极熊毛的特殊结构及优异的保温性质，给人们提供了许多灵感。比如羽绒服之所以保暖，是因为纤维之间饱含空气，形成一

探微词典

热对流：指流体中质点发生相对位移而引起的热量传递过程。

热辐射：物体因自身的温度而以电磁辐射的形式向外发出能量的现象，如太阳就是将其热量以热辐射的形式，经过宇宙空间而传给地球。

层与外界相隔的空气保暖层。另外，我国有公司开发出由三维卷曲涤纶加工成的保暖棉，其中的纤维具有仿生的中空结构，相比普通棉更加保暖、透气、轻盈。

• 海鸥与反渗透膜

海鸥长期生活在远离淡水的海域。20世纪美国科学家S. Sourirajan在观察海鸥时发现，海鸥在掠过海

面时经常会啜起一大口海水，稍后再吐出一小口。按照常理，靠肺呼吸的陆生动物无法直接饮用高盐含量的海水。S. Sourirajan团队通过解剖发现，在海鸥嗉囊位置有一层构造非常精密的薄膜，其孔径大小能够使水分子通过而把盐分挡住。海鸥将啜到口腔的海水通过吸气进行加压，过滤后的淡水进入身体内部，而高浓度海水则通过鼻管排出。这种加压过滤的方式也成为现代反渗透净水法的基本理论架构。在海鸥的启发下，人们利用醋酸纤维素、芳香聚酰胺等高分子材料开发出多种人工反渗透膜，并已广泛应用于饮用水净化、海水淡化、工业废水处理等领域。其中以反渗透膜为核心的净水器已走进千家万户，将普通自来水转变成可直接饮用的纯化水；另外，将反渗透技术应用于海水淡化，可以缓解世界淡水资源紧张的问题，处理得到的高浓度海水副产品，还可以用于钾盐等物质的提取。

反渗透： 由于半透膜的孔径只允许水分子通过而截留溶质分子，因此如果在浓溶液一侧施加一定的压力，水分子就会由浓溶液一侧流向稀溶液，这就是反渗透。

• 鲨鱼与仿生减阻技术

鲨鱼是一种习性凶猛的鱼类，体型庞大，却能在海中快速灵活地游动。比如大白鲨最高游速可达到43千米/时，已经能赶上常规动力潜艇的水平。长久以来，人们认为鲨鱼的快速穿梭能力跟顺滑的皮肤有关。事实上，鲨鱼皮非常粗糙，显微镜下可以看到表面覆有层瓦状的菱形盾鳞结构。鲨鱼的盾鳞与牙齿在进化上同源，故又称皮齿，主要成分为羟基磷灰石[$Ca_{10}(PO_4)_6(OH)_2$]。这种独特的盾鳞结构能够改变鲨鱼体侧的流场，限制湍流的横向脉动，从而有效降低水流的摩擦阻力，使鲨鱼得以快速游动。模仿鲨鱼皮精细结构的仿生减阻技术前景诱人，德国巴斯夫和汉莎集团合作，研发出一款能够贴在飞机表面的Aero-SHARK薄膜，据称能使空中的飞机减少1%以上的摩擦阻力。北京2008年奥运会上，曾有运动员身着仿鲨鱼皮的高分子纤维泳衣，创造出独揽八金的奇迹。这种黑科技泳衣虽能有效提升运动员的游泳成绩，但却违背了竞技运动不能借助外力的原则，后来被国际泳联禁用。

湍流：一种高度复杂的三维非稳态、带旋转的不规则流动，比如大气中的乱云飞渡、河流中的险滩急流、热电厂上空的滚滚浓烟等。在湍流中，流体的速度、压力、温度等参数都随时间与空间发生着复杂随机的变化。

- **电鱼与仿生电池**

电鱼，是对一类具有“御电能力”鱼的总称。我们最常听说的电鱼当属电鳗，原产于南美洲亚马孙河与奥里诺科河流域，曾有最大放电达到860伏特电压的个体纪录，该电力足以杀死一头野牛。电鱼发电奥妙何在？原来电鱼具有一套肌肉细胞演变而成的发电器官，呈蜂窝状，由许多块扁平状的“电板”所组成。“电板”的结构一面较为光滑，与中枢神经系统相连；另一面则凹凸不平，无神经。当电鱼想要捕食或抗击敌人时，神经系统便会传来指令信号，刺激连有神经的“电板”的钾离子通道关闭，钠离子大量涌入，最终导致“电板”两面产生电位差，形成电压。虽然每对“电板”仅能产生大约50～150毫伏的电压，但大量的“电板”彼此串联叠加就能产生可观的电力。受电鱼启发，19世纪初，意大利物理学家伏特设计出世界上最早的伏特电池，即现在原电池的原型。现在的科学家们模仿电鱼细胞离子通道的不对称结构，正开发利用盐度梯度发电的仿生电池，可用于植入式医疗设备等，来提供长期稳定、生物相容性好的电源供应。

盐度梯度发电：一种利用海水和淡水之间或两种盐度不同的海水之间的化学电位差来发电的技术。

参考文献

[1] 郭保章．中国化学史[M]．南昌：江西教育出版社，2006.

[2] 孙文月．中国近现代化学发展历史研究——评《中国化学史：近现代卷》[J]．应用化工，2023，52（08）：2502-2502.

[3] Wiessner P W．Embers of society：Firelight talk among the Ju/'hoansi bushmen [J]．Proceedings of the National Academy of Sciences of the United States of America，2014，111（39）：14027-14035.

[4] 汪朝阳，肖信．化学史人文教程[M]．第2版．北京：科学出版社，2015.

[5] 李开周．武侠化学[M]．北京：化学工业出版社，2018.

[6] Bernardi F M，Pazinato M S．The case study method in chemistry teaching：A systematic review[J]．Journal of Chemical Education，2022，99（3）：1211-1219.

[7] 郭加林，黄乐军，陈功生，等．化学成语的特点及其在教学中的妙用[J]．化学教与学，2017（10）：14-15.

[8] 张钰婕，刘思彤，徐龙飞，等．诗情“化”意——诗词中的化学[J]．大学化学，2023，38（07）：237-241.

[9] 李志宏．诗情“化”意——用化学之眼看诗词[J]．初中生之友，2023（9）：68-70.

[10] 魏强华．食品加工技术与应用[M]．第2版．重庆：重庆大学出版社，2020.

[11] 赵思明．食品工程原理[M]．第2版．北京：科学出版社，2020.

[12] 李春美，何慧．食品化学[M]．北京：化学工业出版社，2020.

[13] 曹正，曹淼，张明．食品安全与质量控制[M]．郑州：郑州大学出版社，2018.

[14] 胡杨，刘圆圆，吴丹，等．军事中的化学少儿科普[M]．北京：接力出版社，2021.

[15] Xu Y，Tian L，Li D，et al．A series of energetic cyclo-pentazolate salts：rapid

synthesis，characterization，and promising performance[J]. Journal of Materials Chemistry A，2019，7（20）：12468-12479.

[16] 詹瑾，马晶晶，杨卫民. 口罩熔喷聚丙烯纤维的分子结构与热失重行为[J]. 塑料，2022，51（02）：61-65+70.

[17] 易在炯，田桢干，朱仁义，等. 化学消毒剂灭活病毒效果评价方法与影响因素分析[J]. 中国口岸科学技术，2021，3（12）：73-78.

[18] 张礼堃，邹秉杰，宋沁馨，等. PCR技术在新冠病毒核酸检测中的应用[J]. 医学研究生学报，2021，34（05）：539-544.

[19] 崔华帅，屈硕，朱金唐，等. “三明治”结构的可复用医用防护服面料的性能研究[J]. 纺织科学研究，2022（07）：50-53.

[20] 徐淑静，丁当，刘新泳，等. 浅谈广谱抗病毒药物研发的普适性策略[J]. 药学学报，2022，57（05）：1289-1300.

[21] 冯法晴，刘有停，董银卯. 化妆品美白剂作用机制研究进展[J]. 香料香精化妆品，2019（06）：71-77.

[22] 张皓华. 表面活性剂在化妆品中的应用现状与趋势[J]. 山东化工，2021，50（09）：68-69.

[23] 王新媚，王领. 我国化妆品功效评价发展历程及展望[J]. 中国化妆品，2020（08）：26-29.

[24] 秦秀芳，胡秀雪，诸天庆，等. 化妆品中化学防腐剂应用进展[J]. 化工管理，2021（22）：66-67.

[25] 顾宇翔，薛峰，郑翌. 化妆品中准用着色剂的检测方法和使用情况研究[J]. 日用化学工业，2020，50（05）：343-348.

[26] 邱思敏，龚盛昭. 化妆品评香方法[J]. 香料香精化妆品，2022（06）：61-65.

[27] 马克·米奥多尼克. 迷人的材料[M]. 赖盈满，译. 北京：北京联合出版社，2015.

[28] 郝士明. 材料图传：关于材料发展史的对话[M]. 北京：化学工业出版社，

2014.

[29] 韩雅芳，潘复生．走进前沿新材料[M]．合肥：中国科技大学出版社，2019.

[30] 杨武，邓哲鹏，孙豫．改变世界的信息材料[M]．兰州：甘肃科学技术出版社，2012.

[31] 林健．信息材料概论[M]．北京：化学工业出版社，2013.

[32] 常永勤．电子信息材料[M]．北京：冶金工业出版社，2014.

[33] 何道清，张禾，石明江．传感器与传感器技术[M]．北京：科学出版社，2020.

[34] 李红英，汪冰峰．航空航天用先进材料[M]．北京：化学工业出版社，2019.

[35] 徐吉林．航空材料概述[M]．哈尔滨：哈尔滨工业大学出版社，2013.

[36] 杜康，王军强，曹海龙，等．航空航天用铝锂合金研究进展及发展趋势[J]．铝加工，2022（02）：3-9.

[37] 李红萍，叶凌英，邓运来，等．航空铝锂合金研究进展[J]．中国材料进展，2016，35（11）：856-862.

[38] 王祝堂．铝材在国产大飞机上的应用[J]．轻合金加工技术，2016，44（11）：1-8.

[39] 鹿现永．化学元素与航空航天[J]．化学教育（中英文），2019，40（05）：1-8.

[40] 管仁国，娄花芬，黄晖，等．铝合金材料发展现状、趋势及展望[J]．化学教育，2019，40（5）：1-8.

[41] 吴秀亮，刘铭，臧金鑫，等．铝锂合金研究进展和航空航天应用[J]．材料导报，2016，30（S2）：571-578+585.

[42] Joo Y，Kim C，Kang Y，et al．Carbon nanotube mat/boron nitride composite materials for aerospace applications[J]．Surface and Coatings Technology，2024，2（22）：130577-130577.

[43] 徐全斌，刘诗园．国外航空航天领域钛及钛合金牌号及应用[J]．世界有色金属，2022（16）：96-99.

[44] Xu K，Lu Y，Takei K. Flexible hybrid sensor systems with feedback functions [J]. Advanced Functional Materials，2021，31（39）：2007436-2007436.

[45] 刘世锋，宋玺，薛彤，等. 钛合金及钛基复合材料在航空航天的应用和发展[J]. 航空材料学报，2020，40（03）：77-94.

[46] 江雷，朱英. 航空航天材料化学概论[M]. 北京：科学出版社，2019.

[47] Pantelakis S. Historical development of aeronautical materials[J]. Revolutionizing Aircraft Materials and Processes，2022（01）：1-9.

[48] 关洪达，张涛，何新波. C/SiC陶瓷基复合材料研究与应用现状[J]. 材料导报，2023，37（16）：70-79.

[49] 焦健，齐哲，吕晓旭，等. 航空发动机用陶瓷基复合材料及制造技术[J]. 航空动力，2019（05）：17-21.

[50] 杨金华，董禹飞，杨瑞，等. 航空发动机用陶瓷基复合材料研究进展[J]. 航空动力，2021，5：56-59.

[51] 周贺，陈智，毕轩，等. 航天制造中高性能非金属复合材料的应用分析[J]. 南方农机，2022，53（09）：137-140.

[52] 陈小武，董绍明，倪德伟，等. 碳纤维增强超高温陶瓷基复合材料研究进展[J]. 中国材料进展，2019，38（09）：843-854+886.

[53] Gao G，Wang Y，Fu Z，et al. Review of multi-dimensional ultrasonic vibration machining for aeronautical hard-to-cut materials[J]. The International Journal of Advanced Manufacturing Technology，2023，124（3）：681-707.

[54] 杨智勇，张东，顾春辉，等. 国外空天往返飞行器用先进树脂基复合材料研究与应用进展[J]. 复合材料学报，2022，39（07）：3029-3043.

[55] Wang M. Application of carbon fiber composites in aerospace field[J]. Modern Business Trade Industry，2023，40（08）：195-197.

[56] Li Z，Zhou J，Liu G，et al. Properties of epoxy resin matrix composites improved by silica sol - activated hollow ceramic microspheres[J]. Polymer Composites，2024，28（06）：2-12.

[57] 殷永霞，李皓鹏．先进树脂基复合材料在中国航天器中的应用[J]．航天返回与遥感，2018，39（04）：101-108.

[58] 赫晓东，王荣国，彭庆宇，等．航空航天用纳米碳复合材料研究进展[J]．宇航学，2020，41（06）：707-718.

[59] Clarkson C M，Wyckoff C，Costakis W，et al．Phenolic Carbon Fiber Composite Inks for the Additive Manufacturing of Carbon/Carbon（C/C）[J]. Additive Manufacturing，2024，83（01）：104056-104056.

[60] 黄亿洲，王志瑾，刘格菲．碳纤维增强复合材料在航空航天领域的应用[J]. 西安航空学院学报，2021，39（05）：44-51.

[61] Yin Y P，Wang J X，Li J．A concise and scalable chemoenzymatic synthesis of prostaglandins[J]．Nature Communications，2024，15（1）：2523-2523.

[62] Zhang B P，Xu W H，Peng L，et al．Nature-inspired interfacial engineering for energy harvesting[J]．Nature Reviews Electrical Engineering，2024（01）：1-16.

[63] Lin J F，Qian J，Ge G L，et al．Multiscale reconfiguration induced highly saturated poling in lead-free piezoceramics for giant energy conversion[J]．Nature Communications，2024，15（01）：2560-2560.

[64] 贾贤．天然生物材料及其仿生工程材料[M]．北京：化学工业出版社，2007.

[65] Gareev K G，Grouzdev D S，Koziaeva V V，et al．Biomimetic nanomaterials：diversity，technology，and biomedical applications[J]．Nanomaterials，2022，12（14）：2485-2485.

[66] Wang J，Liu X，Li R，et al．Biomimetic strategies and technologies for artificial tactile sensory systems[J]．Trends in Biotechnology，2023，41（7）：951-964.